SAMMLUNG GÖSCHEN BAND 342

Heizung und Lüftung

Von

Ingenieur Johannes Körting VDI

und

Dipl.-Ing. Werner Körting VDI

I

Das Wesen und die Berechnung der Heizungs- und Lüftungsanlagen

Achte, neubearbeitete Auflage

Mit 29 Abbildungen und 18 Zahlentafeln

Walter de Gruyter & Co.

vormals G. J. Göschen'sche Verlagshandlung · J. Guttentag, Verlagsbuchhandlung · Georg Reimer · Karl J. Trübner · Veit & Comp.

Berlin 1951

Archiv-Nr. 11 03 42
Druck von Walter de Gruyter & Co., Berlin W 35
Printed in Germany

Inhalt.

Seite

I. Teil. Wärmebedarf und Wärmeerzeugung.

II. Teil. Die Luft und ihre Beschaffenheit.

III. Teil. Die Heizung.

IV. Teil. Die Lüftung.

I. Teil.

Wärmebedarf und Wärmeerzeugung.

Abschnitt 1. Grundbegriffe.

Das gesetzliche Maß des Wärmegrades oder der Temperatur ist die hundertteilige thermodynamische Skala; diese ist der Celsiusskala praktisch gleich. Ihre Festpunkte liegen beim Gefrierpunkt (0°) und beim Siedepunkt des Wassers (100°) bei einem Druck von 760 mm Quecksilbersäule (QS). Tiefere Temperaturen als der Gefrierpunkt heißen „Kältegrade" und erhalten das Vorzeichen —, höhere „Wärmegrade" das Vorzeichen +.

Alle im folgenden vorkommenden Temperaturangaben beziehen sich auf die Celsiusskala (° oder °C).

Zur Messung der Wärmemengen dient die gesetzliche Wärmeeinheit (Normblatt DIN 1309) oder Kilogrammkalorie (kcal), d. i. die Wärmemenge, durch die 1 kg Wasser bei einem Druck von 760 mm QS, von 14,5° auf 15,5° erwärmt wird. Diese Wärmemenge ist für den Temperaturbereich von 0° bis 100° annähernd gleich, so daß also Wasser von 100° rd. 100° kcal enthält. Soll aus warmem Wasser von 100° Dampf von der gleichen Temperatur entstehen, so ist dazu ein weiterer, nicht fühlbarer Wärmeaufwand, die (latente) Verdampfungswärme von 539,4 kcal für 1 kg Wasser erforderlich. Die Gesamtwärme, um Wasser von 0° in Dampf von 100° zu überführen, beträgt daher rd. 640 kcal.

Die Maßeinheit für die Messung des Druckes von Flüssigkeiten oder Gasen ist der atmosphärische Druck, kurz „Atmosphäre" genannt. Dieser lastet in Meereshöhe mit dem mittleren Druck einer 10,33 m hohen Wassersäule, gleich einer 760 mm hohen Quecksilbersäule, auf der Erdoberfläche.

Als Einheit benutzt man die dieser Druckhöhe nahekommende Wassersäule von 10 m = 735,5 mm Quecksilbersäule und nennt den entsprechenden Druck eine technische Atmosphäre (at), und zwar, da sie auf den luftleeren Raum bezogen ist, 1 at absolut (1 ata). Da nun alles auf der Erde von diesem absoluten Atmosphärendruck erfüllt ist, wird dieser nicht fühlbar. Man betrachtet ihn daher im praktischen Leben als Nullpunkt und nennt geringere Drücke Unterdruck bis zur Luftleere (Vacuum), höhere Überdruck (atü). 1 atü entspricht daher einem Druck von 2 ata.

Da eine Wassersäule von 10 m Höhe und 1 cm^2 Querschnitt 1 kg wiegt, ist 1 atü = 1 kg auf den cm^2 (1 kg/cm^2)
1 m WS = 0,1 atü
1 mm WS = 0,0001 atü = 1 kg/m^2.

Der Siedepunkt des Wassers liegt bei einem Druck über 1 ata höher, bei geringerem tiefer als 100°. Dementsprechend steigt und sinkt auch die in 1 kg Dampf enthaltene Gesamtwärme, während die Verdampfungswärme bei steigendem Druck sinkt.

Die zur Erwärmung von 1 kg eines Stoffes um 1° erforderliche Wärme ist seine spezifische Wärme. Sie beträgt für Luft 0,237 kcal. Da 1 m^3 Luft von 0° das Gewicht von 1,29 kg hat, so ist der Wärmebedarf, um die Temperatur von 1 m^3 Luft um 1° zu erhöhen, rd. 0,31 kcal.

Alle Körper dehnen sich bei Erwärmung aus; Wasser bildet dabei eine Ausnahme, da es sich von 0 bis + 4° zunächst zusammenzieht und erst darüber hinaus ausdehnt. Luft dehnt sich bei Erwärmung um 1° um $^1/_{273}$ = rd. 0,0037 ihres Raumes aus. Der Wärmebedarf für 1 m^3 Luft nimmt also bei steigender Temperatur ab, da ihre Dichte geringer wird.

Aus allen diesen Beziehungen sind nachstehende Zahlentafeln, die in den folgenden Abschnitten verwendet werden, abgeleitet worden.

Zahlentafel 1.

Siedetemperaturen, Wärmemengen, Rauminhalt und Gewichte von Wasserdampf bei verschiedenen Drücken.

Druck			Siede-temperatur	Gesamt-wärmemenge von 1 kg Dampf	Verdampfungswärmemenge von 1 kg Dampf	1 m³ Dampf wiegt	1 kg Dampf
ata	atü (unter 1 atü als Luftleere)	m WS bezogen auf 1 atü als Nullp.	°C	kcal	kcal	kg	= m³
0,1	—0,9		45,4	615,9	570,5	0,067	14,96
0,2	—0,8		59,7	622,3	562,7	0,128	7,80
0,3	—0,7		68,7	626,3	557,6	0,188	5,33
0,4	—0,6		75,4	629,2	553,8	0,246	4,07
0,5	—0,5		80,9	631,5	550,6	0,303	3,30
0,6	—0,4		85,5	633,4	548,0	0,359	2,76
0,7	—0,3		89,5	635,1	545,6	0,415	2,41
0,8	—0,2		93,0	636,5	543,6	0,470	2,13
0,9	—0,1		96,2	637,8	541,7	0,527	1,91
1,0	0	0	99,1	639,0	539,9	0,580	1,73
1,1	0,1	1	101,8	640,1	538,3	0,633	1,58
1,2	0,2	2	104,2	641,1	536,7	0,687	1,46
1,3	0,3	3	106,6	642,0	535,3	0,740	1,35
1,4	0,4	4	108,7	642,8	533,9	0,793	1,26
1,5	0,5	5	110,8	643,6	532,7	0,846	1,18
1,6	0,6	6	112,7	644,3	531,4	0,898	1,11
1,8	0,8	8	116,3	645,7	529,1	1,003	0,99
2,0	1,0	10	119,6	646,9	527,0	1,107	0,90
3,0	2,0	20	132,9	651,6	518,1	1,618	0,62
4,0	3,0	30	142,9	654,9	511,1	2,120	0,47
5,0	4,0	40	151,1	657,3	505,2	2,614	0,38
6,0	5,0	50	158,1	659,3	499,9	3,104	0,32
7,0	6,0	60	164,2	660,9	495,2	3,591	0,28
8,0	7,0	70	169,6	662,3	490,9	4,075	0,24
9,0	8,0	80	174,5	663,4	486,8	4,556	0,22
10,0	9,0	90	179,0	664,4	483,1	5,01	0,20
12,0	11,0	110	187,1	665,9	476,1	6,00	0,17
14,0	13,0	130	194,1	667,0	469,7	6,95	0,14
16,0	15,0	150	200,4	667,8	463,8	7,91	0,13
18,0	17,0	170	206,2	668,3	458,2	8,87	0,11
20,0	19,0	190	211,4	668,7	452,9	9,83	0,10

Zahlentafel 2.

Ausdehnung und Gewicht von Wasser bei verschiedenen Temperaturen.

Temperatur in °C	Rauminhalt in 1 l	Gewicht kg	Temperatur in °C	Rauminhalt in l	Gewicht kg
	bezogen auf 1 l Wasser von 4°			bezogen auf 1 l Wasser von 4°	
4	1,000000	1,000000	80	1,0290	0,9718
10	1,00027	0,99973	90	1,0359	0,9653
20	1,00177	0,99823	100	1,0434	0,9584
30	1,00435	0,99567	120	1,0600	0,9435
40	1,00782	0,99224	140	1,0795	0,9263
50	1,0121	0,9881	160	1,1018	0,9076
60	1,0171	0,9832	180	1,1279	0,8866
70	1,0227	0,9778	200	1,1590	0,8628

Gewicht und Rauminhalt der Luft bei verschiedenen Temperaturen bezogen auf 1 m³ Luft bei 0°.

Temperatur °C	Gewicht von 1 m³ Luft bei 760 mm Barometerstand kg	Rauminhalt der Luft bei t° $1 + 0{,}0037\,t$ m³	Dichtigkeit der Luft bei t° $\frac{1}{1 + 0{,}0037\,t}$	Temperatur °C	Gewicht	Rauminhalt	Dichtigkeit
—25	1,424	0,908	1,101	+ 26	1,181	1,095	0,913
—20	1,396	0,927	1,097	+ 28	1,173	1,103	0,907
—15	1,368	0,945	1,058	+ 30	1,165	1,110	0,901
—10	1,342	0,963	1,038	+ 35	1,146	1,128	0,886
— 5	1,317	0,982	1,019	+ 40	1,128	1,147	0,872
0	1,293	1,000	1,000	+ 45	1,110	1,165	0,858
+ 5	1,270	1,018	0,982	+ 50	1,093	1,183	0,845
+10	1,247	1,037	0,965	+ 55	1,076	1,202	0,832
+12	1,239	1,044	0,958	+ 60	1,060	1,220	0,820
+14	1,230	1,050	0,951	+ 65	1,044	1,238	0,808
+16	1,222	1,059	0,945	+ 70	1,029	1,257	0,796
+18	1,213	1,066	0,939	+ 75	1,014	1,275	0,784
+20	1,205	1,073	0,932	+ 80	1,000	1,293	0,773
+22	1,197	1,081	0,925	+ 90	0,973	1,330	0,752
+24	1,189	1,088	0,919	+100	0,947	1,367	0,732

Abschnitt 2. Grundlagen der Wärmebedarfsrechnung.

Die Grundlage der Heizungstechnik bildet die Berechnung des Wärmebedarfs der zu erwärmenden Räume. Die Zeit, in der man gefühlsmäßig, etwa nach Rauminhalt und Lage der Räume, die Wärmequellen aussuchte, ist vorüber. Griff man z. B. bei diesem Verfahren mit der Wahl eines Ofens daneben, so begnügte man sich mit der Erklärung, der Raum heize sich schlecht, und suchte den Mangel durch übermäßiges Heizen zu beheben.

Heute sind die Ansprüche an die Heizung größer geworden. Übermäßiges Heizen bedeutet Brennstoffverschwendung und hat andere Nachteile. Bei einer Zentralheizung versagt dieses Mittel überhaupt, da sich die Leistung eines Heizkörpers nicht über ein festliegendes Höchstmaß steigern läßt. Deshalb verwirft die Heizungstechnik jegliche Überschlagsrechnung, sondern verlangt die genaue Berechnung des Wärmebedarfs eines jeden zu beheizenden Raumes.

Der Wärmebedarf eines Raumes setzt sich aus den Wärmemengen zusammen, die zur Erwärmung der Raumluft und der in dem Raum befindlichen Einrichtungsgegenstände, sowie zur Deckung der Wärmeverluste, die durch die Umwandungen (Wände, Böden, Fenster und Türen) verloren gehen, erforderlich sind.

Die zur Erwärmung der Luft aufzuwendende Wärmemenge läßt sich leicht berechnen. 1 m^3 Luft erfordert (vgl. S. 5) zur Temperaturerhöhung um 1^0 C rd. 0,31 kcal. Die zur Erwärmung der Einrichtungsgegenstände benötigte Wärmemenge entzieht sich jeder Berechnung, zumal im allgemeinen zur Zeit des Entwurfs einer Heizungsanlage noch nicht feststeht, welche Einrichtung der betreffende Raum erhält.

Für die Wärmemenge, die von den Umwandungen des Raumes aufgenommen wird, ist ihre Beschaffenheit und spezifische Wärme maßgebend. Bis auf einige Ausnahmen, die später behandelt werden, genügt aber die Kenntnis dieser

Wärmemenge nicht, da die Umwandungen Wärme an die Umgebung abgeben, die dauernd verloren geht. Man legt deshalb diese als den wichtigsten Teil des gesamten Wärmebedarfs der Wärmebedarfsberechnung zugrunde. Dabei geht man vom Beharrungszustand, also nach Erreichen der gewünschten Raumtemperatur, aus und macht für die Zeit des Anwärmens der Räume auf den gesamten, durch die Ausstrahlung der Umwandungen eintretenden Wärmeverlust geeignete Zuschläge, deren Höhe sich nach der Anheizzeit richtet.

Bekanntlich sind Fenster und Türen niemals so dicht, daß nicht durch ihre Undichtigkeiten ein Luftwechsel im Raume entsteht. Trotzdem berücksichtigt man den Wärmeaufwand zur Erwärmung der Raumluft bei Aufstellung der Wärmebedarfsberechnung nicht, sofern nicht durch eine Lüftungsanlage ein künstlicher Luftwechsel geschaffen wird. Die Anwesenheit zahlreicher Menschen und in Fabrikräumen die in diesen arbeitenden Maschinen kann die Heizung wesentlich beeinflussen. In solchen Fällen ist häufig sogar künstliche Kühlung erforderlich.

Das Normblatt DIN 4701

„Regeln für die Berechnung des Wärmebedarfs von Gebäuden“[1])

enthält die Grundlagen zur Aufstellung einer Wärmebedarfsrechnung.

Gegenüber den früher vom Verband der Zentralheizungsindustrie aufgestellten „Regeln“ wurden Änderungen und Ergänzungen vorgenommen, durch die auch die Rechenarbeit vereinfacht wird. Die früher darin enthaltenen Regeln für die Berechnung der Kesselgrößen und Heizkörpergrößen sind jetzt in die Normblätter DIN 4702 und 4703 übernommen.

Der Wärmebedarf ist eine reine Gebäudeeigenschaft, die mit der Heizungsanlage selbst nichts zu tun hat. Diese hat lediglich die benötigte Wärme aufzubringen, während die Höhe des Wärmebedarfs von der Lage, sowie von der Be-

1) Beuth-Vertrieb Berlin W 15, Uhlandstraße 15 und Köln.

schaffenheit und Bauausführung des Gebäudes maßgeblich beeinflußt wird. Durch gute und sorgfältige Bauausführung kann der Wärmebedarf und damit der spätere Brennstoffverbrauch der Heizungsanlage erheblich im günstigen Sinne beeinflußt werden. Es ist daher unerläßlich, daß der Heizungsfachmann bereits beim Entwurf eines Gebäudes zugezogen wird — nicht nur, damit die Heizungsanlage in gutem Einklang mit dem zu errichtenden Gebäude steht, sondern auch, damit die Wirtschaftlichkeit möglichst günstig wird.

Zur Erzielung eines hinreichenden Wärmeschutzes sollen die Außenwände keinen größeren Wärmeverlust als den einer 38 cm starken Ziegelwand ($=1^1/_2$ Stein), beiderseits verputzt (Wärmedurchgangszahl $k = 1{,}34$ kcal/m²h°C) aufweisen. In kälteren Gegenden geht man sogar auf den Wärmeverlust einer zwei Stein starken Wand herauf. Bei den heute vielfach vorkommenden Leicht- und Behelfsbauweisen muß daher der Wärmeverlust durch Verwendung geeigneter Dämmstoffe auf die obigen Werte herabgesetzt werden.

Auf die Ausführung der Fenster und Türen ist ganz besonders zu achten, da ihre Wärmeverluste bei unzureichender und sorgloser Ausführung ein Vielfaches derjenigen massiver Wände erreichen.

Einfachfenster sind auch für Nebenräume grundsätzlich zu verwerfen.

Die „Regeln DIN 4701“ unterscheiden sich in der Berechnung des Wärmebedarfs zwischen „normalen“ und „Sonderfällen“. Als normale Fälle gelten Räume, welche folgende Bedingungen erfüllen:

1. Übliche Bauausführung, also weder außergewöhnlich schwere, noch außergewöhnlich leichte Bauausführung.
2. Durchgehende Beheizung oder periodische Beheizung mit keinen größeren täglichen Unterbrechungen als vierzehn Stunden.
3. Kein außergewöhnlich starker Windangriff.

4. Lichte Höhe nicht mehr als zwei Geschoßhöhen, also etwa 8 m.

Unter die normalen Fälle fallen im allgemeinen:

Wohngebäude und Bürogebäude aller Art,

Gaststätten, Hotelgebäude einschließlich der Säle üblicher Größe,

Krankenhäuser,

Schulen und Hörsäle, Turnhallen,

Werkstätten im Geschoßbau bei guter Bauausführung.

Damit dürften 80—90% aller vorkommenden Fälle erfaßt sein. Für die Sonderfälle, die im Rahmen dieser Arbeit nicht behandelt werden können, muß auf die Ausführungen S. 34—36 der Regeln DIN 4701 und das Fachschrifttum verwiesen werden.

Die Ermittlung des Wärmebedarfes eines Raumes erfolgt nach DIN 4701 durch Berechnung des stündlichen Wärmeverlustes q_0 aller Umwandungsteile (Wände, Böden, Decken, Türen und Fenster). Die Summe der Einzelverluste ist der „zuschlagsfreie Gesamtwärmeverlust" des Q_0 Raumes.

Durch Zuschläge z_U für Unterbrechung der Beheizung, z_A für Ausgleich der kalten Außenflächen, z_W für Windangriff und z_H für Himmelsrichtung auf den zuschlagsfreien Wärmeverlust wird der Gesamtwärmebedarf Q_h ermittelt.

Die grundlegende Gleichung zur Ermittlung des Wärmebedarfs eines einzelnen Umwandungsteiles lautet

$$q_0 = Fk(t_i - t_a) \qquad (1)$$

Hierin ist

q_0 der stündliche Wärmeverlust der Umwandung in kcal.,

F ihre Gesamtfläche in m²,

k die Wärmedurchgangszahl der Umwandung für 1 m², 1° Temperaturunterschied und 1 Stunde (h) in kcal.,

t_i die gewünschte Innentemperatur in °C ,

t_a die der Berechnung zugrunde gelegte Außentemperatur.

Zur Aufstellung der Wärmebedarfsberechnung müssen daher bekannt sein:

1. Grundriß und Schnitte des Gebäudes,
2. Bauweise der Umwandungen, also auch der Außentüren, Fenster u. a.,
3. Himmelsrichtung, sowie freie oder geschützte Lage,
4. Verwendungszweck der einzelnen Räume.

Die folgenden Abschnitte bringen Hinweise auf die der Berechnung zugrunde zu legenden Annahmen.

Es sei nochmals darauf hingewiesen, daß der Heizungsfachmann Überschlagsrechnungen für den Wärmebedarf, d. h. Annahmen nach der Raumgröße oder nach Erfahrungswerten, grundsätzlich ablehnt. In Streitfällen kann sich der Heizungsfachmann nur auf die Richtigkeit seiner Berechnung berufen, wenn er die „Regeln“ DIN 4701 ordnungsgemäß benutzt hat.

Die Wärmebedarfsberechnung bildet natürlich auch für die Beheizung mit Einzelöfen die gesicherte Grundlage. Muß man aber schnell den Wärmebedarf überschlagen, so kann man annehmen, daß für einen Kubikmeter Rauminhalt bei Dauerheizung

für Eckräume 60—70 kcal/m³,

für ungeschützt liegende Räume 40—50 kcal/m³,

für geschützt liegende Räume 30—40 kcal/m³,

für Treppenhäuser, Flure u. a. 15—25 kcal/m³ nötig sind.

Abschnitt 3. Ansatz von Größe und Wärmedurchgangszahlen der Umwandungen.

Die Größe der für die Ermittlung des Wärmebedarfes anzusetzenden Flächen ist den Bauzeichnungen zu entnehmen, und zwar werden für Länge und Breite die Innenmaße, für die Höhe die Stockwerkshöhe von Fußbodenoberkante bis Fußbodenoberkante angesetzt. Bei den Wänden werden von der Gesamtfläche die Fenster- und Türöffnungen in der vollen Größe der in der Wand vorhandenen Öffnung (Leibung) abgesetzt. Der Wärmeverlust von Türen und Fenstern wird dementsprechend mit den gleichen Flächen gesondert berechnet.

Für die Genauigkeit der Rechnung genügt ein Ansatz in

m und m^2 mit einer Stelle hinter dem Komma (Dezimeter). Die berechneten Wärmebedarfsmengen sind ohne Dezimalstellen anzusetzen und bei der Addition auf volle Zehner abzurunden.

Die Wärmebedarfszahl k, d. h. diejenige Wärmemenge, die stündlich durch 1 m² der Fläche bei einem Temperaturunterschied von 1° C hindurchgeht, ist für die meisten vorkommenden Bauarten aus den Regeln DIN 4701, Zahlentafel 3 bis 6, zu entnehmen. Für nicht aufgeführte Bauarten kann mit Hilfe der Zahlentafeln 7—9 und der „Anweisung über die Berechnung der Wärmedurchgangszahlen bei Bauweisen, die in vorstehenden Zahlentafeln nicht aufgeführt sind“ (S. 33 der Regeln) die Wärmedurchgangszahl ermittelt werden.

Zahlentafel 3 gibt im Auszug eine Zusammenstellung der wichtigsten Wärmedurchgangszahlen k.

Abschnitt 4. Außen- und Innentemperaturen.

Bei der Annahme der Außentemperaturen für die Berechnung der Wärmeverluste ist es nicht nötig, von den in der betreffenden Gegend vorkommenden tiefsten Kältegraden auszugehen, da diese nur an wenigen Tagen und meist nur stundenweise vorzukommen pflegen und sich wegen der in den Gebäuden aufgespeicherten Wärmemengen auf deren Inneres nur beschränkt auswirken. Daher geht man bei der Annahme der Außentemperatur von den während längerer Zeiträume beobachteten mittleren Kältegraden aus.

Angaben über die mittleren Kältegrade sind für eine große Zahl deutscher Orte und für die angrenzenden Länder, die für deutsche Heizungsunternehmungen Bedeutung haben können, in den Regeln DIN 4701 (Zahlentafel 1 a) zusammengestellt. Nach diesen Angaben sind in einer Abstufung von 3 zu 3° die Außentemperaturen festgelegt, die der Wärmebedarfsrechnung zugrunde zu legen sind. Auf diese Zusam-

in kcal für 1 h, 1° C Temperaturunterschied und 1 m² Fläche

Wände aus vollem Gestein	Wandstärke des Mauerwerks in cm ohne Putz						
	12	25	38	51	64	77	90
Ziegelstein MZ 150 (Reichsformat) DIN 105							
einseitig verputzt, Außenwand	2,6	1,8	1,38	1,11	0,93	0,80	0,70
beiderseits „ „	2,5	1,7	1,34	1,09	0,91	0,79	0,69
„ „ Innenwand	1,9	1,33	1,04	0,85	0,71	0,62	0,55
Schlackenstein DIN 400, Hüttenstein DIN 398							
beiderseits verputzt, Außenwand	2,3	1,5	1,15	0,92	0,76	0,66	0,58
„ „ Innenwand	1,9	1,33	1,04	0,85	0,71	0,62	0,55
Bimsbetonsteine, DIN 1059 Schwemmstein DIN 399							
beiderseits verputzt, Außenwand	2,0	1,25	0,93	0,73	0,60	—	—
„ „ Innenwand	1,7	1,12	0,85	0,68	0,57	—	—
Kalksandsteine DIN 106							
einseitig verputzt, Außenwand	2,9	2,0	1,6	1,27	1,08	0,93	0,82
beiderseits „ „	2,7	1,9	1,5	1,23	1,05	1,05	0,81
„ „ Innenwand	2,1	1,6	1,24	1,03	0,89	0,78	0,69
Porige Gesteine: Sandstein, weicher oder sandiger Kalkstein							
einseitig verputzt, Außenwand	2,4	2,0	1,8	1,6	1,45	1,33	1,22
beiderseitig „ „	2,3	2,0	1,8	1,6	1,41	1,30	1,19
Dichte Gesteine: Dolamitkalkstein, Marmor, Granit, Basalt							
einseitig verputzt, Außenwand	2,9	2,6	2,4	2,2	2,0	1,9	1,7
beiderseits „ „	2,8	2,5	2,3	2,1	1,9	1,8	1,7
Ziegelstein mit unter Putz an der Innenseite verlegter 3 cm Kork- oder Torfplatte	0,87	0,78	0,67	0,60	0,54	0,50	0,46

Kiesbeton cm	5	10	15	20	30	40	50
unverputzt, Außenwand	4,2	3,6	3,1	2,7	2,2	1,8	1,6
beiderseitig verputzt, Außenwand	3,5	3,0	2,7	2,4	2,0	1,7	1,44
Stahlbeton							
unverputzt, Außenwand	4,4	3,8	3,3	2,9	2,4	2,0	1,7
beiderseitig verputzt Außenwand	3,6	3,2	2,8	2,5	2,1	1,8	1,6

Holzwände	Wanddicke des Holzes in cm						
	2	3	4	5	7	10	15
Holzbohlen unverputzt, Außenwand	3,3	2,8	2,4	2,1	1,7	1,34	0,97
„ „ Innenwand	2,2	1,9	1,6	1,44	1,16	0,90	0,65
mit Innenputz, Außenwand	2,9	2,5	2,2	1,9	1,6	1,26	0,93
„ 3 cm Isolierplatte Außenwand	0,95	0,90	0,86	0,82	0,75	0,67	0,56
„ einer Luftschicht, 10 cm, Außenwand	—	—	1,49	1,37	1,15	0,93	0,58

Verschiedene Wände	
Holzfachwerk 14 cmmit Ziegelstein ausgemauert innen verputzt, etwa 15% Holzquerschnitt	2,5
Schlackenbetonhohlsteinwand 25 cm stark, beiderseits verputzt	
mit einem Luftraum	1,5
mit zwei Lufträumen	1,40
Stahlfachwerk mit Ziegelsteinen ausgemauert 12 cm, ohne Putz	3,0
Wellblechwände	10,0

Auszug aus DIN 4701.

Dächer

Einfach, unverschalt, Ziegel, Well-, Zink- od. Kupferblech auf Latten ohne Fugendichtung	10,0	Dichte Schalung 2,5 cm stark außerhalb, 1,8 cm starke Schalung mit Putz innerh. d. Sparren. Dachpappe-, Blech-, Ziegel- od. Schief.-Belag	1,20
Ziegel auf Latten m. gedicht. Fugen	5,0	dgl. innere Schalung aus 3 cm Gipsdielen	1,25
Glas mit gedichteten Fugen Glasstärke 3—5 mm	5,0	dgl. inn. Schalung aus 3 cm Kork- od. Torfplatte	0,68
Einfache dichte Schalung auf Sparrenoberseite v. 2,5 cm Stärke mit Dachpappe, Zink- od. Kupferbl.	2,1	Eisenbeton 5 cm mit Dachpappe	3,7
dgl. mit Ziegeln oder Wellblech ohne Fugendichtung	2,4	dgl. 10 cm mit Dachpappe	3,2
dgl. mit doppelter Dachpappe	2,0	Schlackenbetonplatten 4 cm mit Dachpappe	3,0
		7 cm „ „	2,60

Decken und Fußböden	Wenn der darüberliegende Raum kälter ist	Wenn der darüberliegende Raum wärmer ist	Decken und Fußböden	Wenn der darüberliegende Raum kälter ist	Wenn der darüberliegende Raum wärmer ist
Balkenlage m. dichter Holzdielung von 2,5 cm Brettstärke	2,1	1,7	Holzfußboden auf Erdreich hohl verlegt mit 3,5 cm Diele		1,1
3,5 cm „	1,8	1,45	dgl. in Asphalt verlegt		1,5
dgl. mit 3,5 cm Diele und Lehmwickel od. Sandschüttung 10 cm zw. den Balken	0,96	0,83	Eisenbetondecke, ohne Belag 10 cm stark	2,8	2,1
dgl. mit 10 cm Schlackenschüttung	0,68	0,61	dgl. mit Linoleumbelag	2,6	2,0
dgl. unt. geputzt m. Hohlraum zwisch. d. Balken	1,22	1,04	dgl. ohne Belag 20 cm st.	2,2	1,8
dgl. im Hohlraum 10 cm Sandschüttung	0,77	0,67	dgl. mit Linoleumbelag	2,1	1,7
			dgl. mit 3,5 cm Diele auf Lagerhölzern m. 10 cm Hohlraum	1,18	1,01
			dgl. Hohlraum m. Kohlenschlacke gefüllt	0,78	0,71

Türen und Fenster

Türen Außentür, Holz	3,5	Oberlicht — einfach	6,5
„ Eisen	6,5	„ — doppelt	3,0
Balkontür, Holz m. Glasfüllg. einf.	5,0	Große Schaufenster, Hallenwände	6,5
„ „ „ „ doppelt	2,5	„ „ bei starkem Windanfall	7,5
Innentür	2,5	Fenster aus Glashohlsteinen	2,5
Außenfenster		Innenfenster	
Holz Einfachfenster	6,0	Gegen Nebenraum, einfach	3,0
Verbundfenster	3,0	„ „ doppelt	2,0
Doppelfenster	2,8	Gegen Dachraum, einfach	3,5
Eisen und Stahl Einfachfenster	6,5	„ „ doppelt	2,0
Verbundfenster	3,8		
Doppelfenster	3,3		

menstellung der Außentemperaturen in den Regeln DIN 4701 muß besonders hingewiesen werden, da in allen Gegenden Ausnahmen von den sonst allgemein herrschenden Temperaturen vorkommen.

Auch über die Raumtemperaturen enthalten die Regeln DIN 4701 ausführliche Angaben. Sie sind anzunehmen, wenn nicht andere Vorschriften gemacht werden. Diese sind stets sorgfältig zu prüfen, da es vorkommen kann, daß der Verwendungszweck der Räume wechselt und zu kleine Heizkörper durch größere ersetzt werden müssen, was häufig Schwierigkeiten macht.

Die Regeln DIN 4701 geben in Zahlentafel 1b die anzusetzenden Raumtemperaturen. Gegenüber den früheren Ausgaben wurden Angaben für Krankenhäuser usw. fortgelassen. Sie seien jedoch nachstehend als Anhalt mit aufgeführt:

Zahlentafel 4.

Raumtemperaturen.

	°C
a) Raumtemperaturen nach DIN 4701:	
1. Wohnhäuser:	
Wohnräume, Badezimmer, Küchen	+ 20
Vorräume, Flure, Aborte	+ 15
Treppenhäuser	+ 10
2. Geschäfts- und Verwaltungsgebäude:	
Geschäfts- und Büroräume, Gaststätten, Hotelzimmer, Läden	+ 20
Flure, Treppenhäuser	+ 20
Aborte	+ 15
3. Schulen:	
Klassenzimmer, Hörsäle, Aulen, Amtsräume	+ 20
Wasch- und Baderäume, Treppenhäuser	+ 20
Sammlungsräume, Aborte	+ 15
b) Raumtemperaturen für sonstige Räume (früher in den Regeln enthalten):	
Krankenhäuser:	
Kranken- und Baderäume	+ 22°
Operationsräume	+ 25° bis 35°

Dienst- und Tagesräume, Flure, Aborte	+ 20°
Treppenhäuser	+ 15°
Fabriken, je nach Zweck	+ 10° bis 18°
Kirchen	+ 10° bis 15°
Theater und Kinos	+ 18°
Kraftwagenräume	+ 10°
Ställe	+ 12°

Diese Temperaturen sollen in der Mitte des geschlossenen zugfreien Raumes in 1,5 m Höhe über Fußboden vorhanden sein. In den höheren Zonen der Räume ist die Temperatur höher, in der Nähe der Fußböden geringer. Die Temperaturunterschiede sollen nicht zu groß werden. Gute Luftbewegung in den Räumen und Heizkörper nahe dem Fußboden sind Vorbeugungsmittel. Beheizt man den Raum ununterbrochen, so sind die Temperaturen viel besser ausgeglichen als bei Unterbrechungen.

Für Zwischenwände wird als Außentemperatur die des Nachbarraumes eingesetzt. Hierdurch kann sogar der Fall eintreten, daß der Temperaturunterschied $t_i - t_a$ sich umkehrt, d. h., daß der Raum von dem angrenzenden Raum Wärme erhält. Man muß jedoch bei solchen Annahmen vorsichtig sein, da leicht der Fall eintreten kann, daß der Nebenraum einmal nicht beheizt wird. Der Wärmegewinn eines Raumes aus einem Nachbarraume wird unberücksichtigt gelassen, wenn der Temperaturunterschied nicht mindestens 10° beträgt. Vor allem ist hierauf zu achten, wenn geplante Anbauten noch nicht in Angriff genommen sind. In diesem Fall müssen die betreffenden Wände stets als Außenwände mit dem vollen Temperaturunterschied betrachtet werden.

Die folgende Zusammenstellung über die Temperaturen ungeheizter Nebenräume ist gekürzt den Regeln 4701 entnommen:

Zahlentafel 5.

Temperaturen angrenzender ungeheizter Nebenräume u. dergl. (nach DIN 4701).

	Außentemperaturen °C				
	— 12°	— 15°	— 18°	— 21°	— 24°
Dachräume Dachbauart $k < 2$	— 3	— 6	— 9	— 12	— 12
Dachräume Dachbauart $k\,2 — 5$	— 6	— 9	— 12	— 15	— 15
Dachräume Dachbauart $k > 5$	— 9	— 12	— 15	— 18	— 18
Nebenräume, deren Umfassungen überwiegend an beheizte Räume grenzen	Temperaturen nach Maßgabe der umliegenden Temperaturen wählen				
an die Außenluft grenzen, ohne Türen oder nur Türen nach Nebenräumen, auch Kellerräume	+ 6	+ 6	+ 3	+ 3	± 0
an die Außenluft grenzen, mit Türen nach außen, z. B. Durchfahrten, Vorflure, Treppenhäuser ...	± 0	± 0	— 3	— 3	— 6
Erdreich unter dem Fußboden ..	+ 6		+ 3		
Erdreich an der Außenwand.....	± 0		— 3		
Angebaute Nachbarhäuser mit Zentralheizung	+ 15				
Angebaute Nachbarhäuser mit Ofenheizung	+ 10				
Kesselräume	+ 20				

Abschnitt 5. Zuschläge zum Wärmebedarf.

Wie bereits ausgeführt, muß der zuschlagfreie Wärmeverlust Q_0 eines Raumes um verschiedene prozentuale Zuschläge erhöht werden, um zu dem von der Heizung aufzubringenden Gesamtwärmebedarf Q_h zu gelangen.

Bei Anlagen, die mit Betriebseinschränkungen oder -unterbrechungen betrieben werden, entsteht für das Wiederhochheizen ein vermehrter Wärmebedarf, der durch einen besonderen Zuschlag z_U zu berücksichtigen ist.

Man unterscheidet zwischen Anlagen, die von Beginn bis Ende der Heizperiode durchgehend, wenn auch nachts mit Einschränkung betrieben werden (Betriebsweise I), Anlagen mit täglich 10-stündiger Unterbrechung, wie Geschäftshäuser (Betriebsweise II) und Anlagen mit täglich 14-stündiger Unterbrechung, wie Schulen u. dgl. (Betriebsweise III). Anlagen, bei denen noch längere Unterbrechungen auftreten, wie z. B. Saal- und Kirchenheizungen, erfordern eine gesonderte Behandlung, deren Darstellung im Rahmen dieser Arbeit nicht möglich ist. Es sei hierzu auf das einschlägige Schrifttum verwiesen, für die Kirchenheizung auf die Arbeit von Sieler.

Auf das Befinden der Menschen in einem Raum ist auch die mittlere Temperatur der Außenflächen von Einfluß. Räume mit großen oder dünnen Außenflächen und vielen Fenstern sind damit ungünstiger als Räume mit wenig Außenflächen und Fenstern. Es ist erforderlich, auch diesen Einfluß der kalten Außenflächen durch einen entsprechenden Zuschlag z_A zu berücksichtigen.

Zur Vereinfachung der Rechnung hat man in den Regeln DIN 4701 die „mittlere Wärmedurchlässigkeit", den sog. „D-Wert" eingeführt. Dieser wird berechnet nach der Formel

$$D = \frac{Q_0}{F_{ges} \cdot (t_i - t_a)},$$

hierin ist Q_0 der zuschlagsfreie Wärmebedarf,
F_{ges} die Gesamtfläche der Umschließungen,
$t_i - t_a$ der Temperaturunterschied zwischen Innen- und Außentemperatur.

Die Zuschläge z_U und z_A können rechnerisch zu einem Zuschlag z_D zusammengefaßt werden. Einzelheiten über diese Zuschläge und den D-Wert sind den Regeln DIN 4701, S. 4—5 zu entnehmen.

Für den Zuschlagswert z_D sind nach DIN 4701 folgende Werte anzusetzen:

Zahlentafel 6.
Zuschlagswerte z_D in %.

D-Wert		0,1—0,29	0,3—0,69	0,7—1,49	über 1,5
Betriebsweise	I uneingeschr. Betrieb	7	7	7	7
,,	II 10-stündige Unterbrechung	20	15	15	15
,,	III 14-stündige Unterbrechung	30	25	20	15

Der Einfluß des Windanfalls ist durch einen Zuschlag z_w zu berücksichtigen. Von Einfluß sind:

a) die Windstärke der Gegend. Man unterscheidet normale und windstarke Gegenden. Als „windstark" gilt das Gebiet zwischen der Nord- und Ostseeküste und einer Linie südlich der Städte Osnabrück, Celle, Wittenberge, Schneidemühl und Allenstein. In der Liste der für die einzelnen Städte anzusetzenden Außentemperaturen in den Regeln DIN 4701 sind die Städte in windstarken Gegenden mit W gekennzeichnet.

b) die Lage des Raumes zum Windanfall. Man unterscheidet zwischen Windlage I: Geschützte Lage, wenn der Windschutz den Raum um mehr als etwa $^2/_3$ seiner Entfernung überragt, z. B. bei Räumen in Höfen, in den unteren Stockwerken in normalen Straßen usw.; Windlage II: Freie Lage, wenn der Windschutz den Raum um weniger als $^2/_3$ der Entfernung überragt, z. B. obere Stockwerke, Räume an größeren Plätzen, bei aufgelockerter Bauweise, z. B. in Kolonien; Windlage III: Außergewöhnlich freie Lage, ist anzunehmen bei Hochhäusern, Häusern an Seeufern, auf Anhöhen usw. Windlage III gehört zu den „Sonderfällen" im Sinne der Regeln und ist nach dem Anhang dazu, S. 34 und 35 zu behandeln.

c) die Raumeigenschaften. Die Lage eines Raumes nach außen und die Anordnung seiner Fenster ist von Einfluß auf den Wärmebedarf. Man unterscheidet:

Raumart I: Dreiseitig eingebaute Räume,
,, II: Eckräume mit Fenstern oder Türen in einer Außenwand,
,, III: Eckräume mit Fenstern und Türen in zwei Außenwänden,
,, IV: Räume mit Fenstern in gegenüberliegenden Außenwänden.

Die anzunehmenden Zuschläge z_W gehen aus nachstehender Zahlentafel 7 hervor (nach DIN 4701). Zu berücksichtigen ist, daß jeder Raum mindestens den Zuschlag für geschützte Lage erhält. Bei einem Gebäude mit teilweise freier Lage erhalten nur die betreffenden Räume den Zuschlag, bei einem nach allen Himmelsrichtungen freien Gebäude nur die Räume nach N, NO und O den erhöhten Zuschlag.

Zahlentafel 7.

Windzuschläge z_W in %.

	Raumart I Räume mit einer Ausenwand	und Raumart II mit Fenstern in einer Außenwand	Eckräume Raumart III mit Fenstern in zwei Außenwänden	Raumart IV mit Fenstern in gegenüber liegenden Außenwänden
Normale Gegend geschützte Lage	13	9	12	7
freie Lage	27	19	24	14
Windstarke Gegend geschützte Lage	22	15	20	12
freie Lage	14	28	35	20

Für die Himmelsrichtung eines Raumes sind Zuschläge nach Zahlentafel 8 (nach DIN 4701) anzusetzen. Bei Eckräumen ist die Lage der Ecke, bei Räumen mit mehr als zwei Außenwänden die ungünstigste Richtung maßgebend.

Zahlentafel 8.

Zuschläge z_H für Himmelsrichtung in %.

Himmelsrichtung	S und SO	SW und W	NW, N und NO	O
Zuschlag	−5	0	+5	0

Die Berechnung der Zuschläge erfolgt nach der Formel

$$Q_h(\text{kcal}/h) = Q_0(1 + z_D + z_U + z_H) = Q_0 \cdot Z,$$

d. h. zuschlagfreier Wärmebedarf mal Zuschlagfaktor = Wärmebedarf.

Abschnitt 6. Beispiel einer Wärmebedarfsrechnung.

Nach den vorstehend dargelegten Unterlagen wird für jeden Raum der Wärmebedarf unter Benutzung geeigneter, im Handel erhältlicher Vordrucke[1]) ermittelt und aus den Einzel-

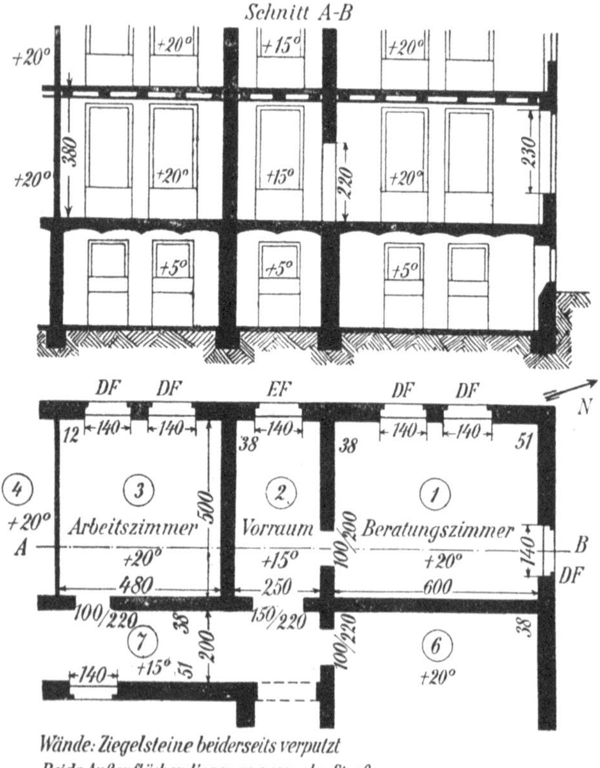

Abb. 1. Bauzeichnung zur Wärmebedarfsberechnung.

[1]) u. a. bei Fa. Fritz A. H. Werner, Düsseldorf-Lohausen.

Zahlentafel 9. Berechnung des Wärmebedarfes (nach DIN 4701)

1	2	3	4	5	6	7	8	9	10	11	12	13	14	15	16	17	18
			Flächenberechnung					W.-Verlustberechnung					Zuschläge				
Bezeichnung	Himmelsrichtung	Wandstärke	Länge	Höhe und Breite	Fläche	Anzahl	Abzug	in Rechnung gestellt	Wärmedurchgangszahl	Temperaturunterschied	Temperaturunterschied × Wärmedurchgangszahl	Zuschlagfreier Wärmeverlust Q_o	$Z_U + Z_A$ Z_D	Wind Z_W	Himmelsr. Z_H	Zuschlagsfaktor Z	Wärmebedarf Q_h'
		cm	m	m	m²		m²	m²	$\frac{kcal}{m^2 h ^0C}$	°C	Δt · k	$\frac{kcal}{h}$	%	%	%	1+%	$\frac{kcal}{h}$
Nr. 1. Beratungszimmer, + 20°, 30,0 × 3,5 = 105 m³.																	
FB	—	—	6,0	5,0	30,0	1	—	30,0	0,87	15	13	390					
DF	N	—	1,4	2,3	3,2	1	—	3,2	2,8	35	100	320					
AW	N	51	5,0	3,8	19,0	1	3,2	15,8	1,09	35	38	600					
DF	W	—	1,4	2,3	3,2	2	—	6,4	2,8	35	100	640					
AW	W	51	6,0	3,8	22,8	1	6,4	16,4	1,09	35	38	620					
IT	—	—	1,0	2,2	2,2	1	—	2,2	2,5	5	13	30					
IW	—	38	5,0	3,8	19,0	1	2,2	16,8	1,04	5	5,2	90					
												2690	7	12	5	1,24	3340
Nr. 2. Vorraum, + 15°, 12,5 × 3,5 = 44 m³.																	
FB	—	—	2,5	5,0	12,5	1	—	12,5	0,87	10	8,7	110					
EF	W	—	1,4	2,3	3,2	1	—	3,2	6,0	30	180	580					
AW	W	51	2,5	3,8	9,5	1	3,2	6,3	1,09	30	33	210					
												900					
Gewinn aus Raum 1: 30 + 90 = 120 } Gewinn aus Raum 3: = 100 }												—220					
												680	7	13	—	1,20	820
Nr. 3. Arbeitszimmer, + 20°, 24,0 × 3,5 = 84 m³.																	
FB	—	—	4,8	5,0	24,0	1	—	24,0	0,87	15	13	310					
DF	W	—	1,4	2,3	3,2	2	—	6,4	2,8	35	100	640					
AW	W	51	4,8	3,8	18,2	1	6,4	11,8	1,09	35	38	450					
IT	—	—	1,0	2,2	2,2	1	—	2,2	2	5	10	20					
IW	—	38	4,8	3,8	18,2	1	2,2	16,0	1,04	5	5,2	80					
IW	—	38	5,0	3,8	19,0	1	—	19,0	1,04	5	5,2	100					
												1600	7	13	—	1,20	1920

und Gesamtsummen die Größe der Heizkörper und Kessel festgelegt. Das folgende aus den Regeln DIN 4701 übernommene Beispiel zeigt den Gang der Rechnung.

Es ist der Wärmebedarf der Räume 1, 2 und 3 nach der Zeichnung Abb. 1 zu berechnen. Abmessungen und Lage zu Himmelsrichtung sind aus der Zeichnung zu entnehmen. Es wird angenommen: Ausführung der Wände in Ziegelmauerwerk, beiderseitig verputzt, Doppelfenster in Holzrahmen, Zwischendecken $k = 0{,}87$, Außentemperatur — 15° C, Innentemperaturen nach Zeichnung. Unter den Räumen Keller mit = 5° C, darüber Räume gleicher Temperatur, geschützte Lage, keine besonderen Lüftungseinrichtungen, Betriebsweise I. Für Betriebsweise II wäre der D-Wert in einer Nebenrechnung zu ermitteln. (Er wird für Raum 1 = 0,54, Raum 2 = 0,28 und Raum 3 = 0,37).

Zur Kennzeichnung der Umwandungsteile sind nach DIN 4701 folgende Buchstaben zu verwenden:

EF = Einfachfenster
DF = Doppelfenster
VF = Verbundfenster
EO = Einfaches Oberlicht
DO = Doppeltes Oberlicht
IT = Innentür
AT = Außentür
AW = Außenwand
IW = Innenwand
FB = Fußboden
De = Decke
Da = Dach.

Abschnitt 7. Ausnahmen bei der Wärmebedarfsrechnung.

Die in den Abschnitten 2 bis 5 beschriebene Wärmebedarfsrechnung gibt für die weitaus meisten Fälle der Gebäudeheizung sichere Ergebnisse; es kommen jedoch Ausnahmen vor. So ist es z. B. eine dem Heizungsfachmann bekannte Tatsache, daß das sog. Berliner Zimmer, d. i. der Wohnraum im Hauptgebäude, an den sich ein Gebäudeflügel anschließt, bei der Berechnung einen zu geringen Wärmebedarf aufweist, weil es meistens nur ein schmales Stück Außenwand mit einem

Fenster besitzt. Man muß daher, damit sich das Zimmer nicht zu langsam erwärmt, einen größeren Heizkörper oder Ofen aufstellen als sich rechnerisch ergeben würde. Derartige Verhältnisse zu berücksichtigen, muß dem Heizungsfachmann auf Grund seiner Erfahrung überlassen bleiben. Es kann aber auch vorkommen, daß ganze Gebäude anders als nach dem bisher Gesagten behandelt werden müssen.

Die Wärmebedarfsrechnung geht von der Voraussetzung aus, daß nach erfolgter Aufheizung ein Beharrungszustand in bezug auf den Wärmeverlust durch die Umwandungen eintritt, ein Zustand, der sich am besten dadurch kennzeichnet, daß das ganze Gebäude eine allgemeine Durchwärmung erfahren hat. Das gilt meist für zentralbeheizte Gebäude, während Häuser mit Ofenheizungen, in denen eine größere Zahl von Räumen unbeheizt bleibt, nicht die gleiche Durchwärmung zeigen. In solchen Häusern ist daher dem bereits erwähnten Umstand zeitweilig nicht beheizter Nebenräume in weit größerem Umfange Rechnung zu tragen als bei Zentralheizung. Der Beharrungszustand kann aber auch bei Zentralheizung nicht eintreten, wenn die Heizung längere Zeit unterbrochen und die Heizdauer stark beschränkt ist. Sind die Wände außergewöhnlich dick, wie bei Kirchen, so kann es vorkommen, daß die Heizung schon wieder abgestellt ist, ehe die Wärme tief in die Wände eingedrungen ist. Will man in solchen Fällen die kühlende Wirkung der Wände beschränken, so muß man die Anheizzeit verlängern und das vermindert die Wirtschaftlichkeit. Es hat an Bemühungen nicht gefehlt, auch für derartige Vorkommnisse Wärmebedarfsberechnungen durchzuführen. Als letztes Ergebnis dieser Bemühungen ist die Aufstellung einer sog. neuen „Kirchenformel“ von Dipl.-Ing. Sieler: Wärmebedarfsbestimmung von Kirchen zu betrachten[1]).

---

[1]) Erschienen bei R. Oldenbourg, München und Berlin 1938.

Abschnitt 8. Wärmeentwicklung durch Benutzung der zu beheizenden Räume.

Die Wärmebedarfsrechnung eines Raumes kann u. U. durch die Art seiner Benutzung grundlegend geändert werden. Von wesentlichem Einfluß kann die Anwesenheit von Menschen sein. Jeder Mensch gibt eine je nach Alter und nach der augenblicklichen Betätigung verschiedene Wärmemenge an seine Umgebung ab. Ein körperlich arbeitender Mensch gibt mehr Wärme ab, als ein ruhender, ein Umstand, der vielfach bei der Bemessung von Heizungsanlagen für Tanzsäle vergessen wird.

Nach Rubner beträgt die Wärmeabgabe eines ruhenden Erwachsenen stündlich etwa 96 kcal, bei leichter Arbeit 118 kcal, bei schwererer Arbeit bis zu 140 kcal. Mit diesen Zahlen, die von anderer Seite noch höher angegeben werden, kann man aber nicht rechnen, da ein Teil der abgegebenen Wärme durch die Wasserverdunstung der Haut gebunden wird.

Hermann Fischer gab als stündlich der Raumluft zugeführte Wärmemenge bei erwachsenen Menschen 100 kcal, bei Kindern 50 kcal an. Diese Werte können auch heute noch empfohlen werden, wenn es sich darum handelt, die durch anwesende Menschen freiwerdende Wärme zu berechnen. Diese Wärmemengen können bei normalen Wohnräumen vernachlässigt werden. Dagegen sind sie bei der Wärmebedarfsrechnung für Theater, Versammlungsräume, Gaststätten, Schulen und dergl. wohl zu berücksichtigen. Bei solchen Räumen kann der Fall eintreten, daß man die Beheizung nach anfänglichem Aufheizen einstellen und sogar für eine Kühlung durch Zufuhr kalter Luft sorgen muß, da der Aufenthalt in überheizten Räumen infolge der im Körper hervorgerufenen Wärmestauungen unangenehm empfunden wird und gesundheitsschädlich ist.

Soll ein Raum gelüftet und der Luftbedarf mit Rücksicht auf eine nicht zu überschreitende Raumtemperatur bestimmt werden, so rechnet man nach der Gleichung

$$L = Q\frac{(1 + 0{,}0037\,t_i)}{0{,}31(t_i - t_e)}. \qquad (2)$$

Hierin ist L die zur Lüftung benötigte Luftmenge in m^3/h, t_i die zulässige Raumtemperatur, t_e die Temperatur der einströmenden Luft.

Q in kcal/h setzt sich zusammen aus der Wärmeabgabe der versammelten Menschen und im Winter derjenigen Heizkörper, die in Betrieb bleiben müssen, um Zugerscheinungen zu vermeiden. Davon ist während dieser Jahreszeit der Wärmeverlust durch die Umwandungen abzuziehen. Im Sommer wird man die erwähnten Heizkörper abstellen und muß zu der durch die Menschen abgegebenen Wärmemenge diejenige hinzunehmen, die durch die Umwandungen infolge der höheren Außentemperatur hinzukommt. Daß es möglich ist, während der Sommerzeit Heizkörper von kühlerem Wasser durchfließen zu lassen, soll hier nicht unerwähnt bleiben.

Einfluß auf den Wärmebedarf eines Arbeitsraumes hat, abgesehen von der Wärmeabgabe geheizter Maschinen (Papiermaschinen, Waschmaschinen usw.), auch die Wärmeerzeugung durch die in dem Raum verbrauchte mechanische Energie. Hier können beträchtliche Mengen in Frage kommen, um die man die Heizungsanlage verkleinern kann, denn jede in einem Arbeitsraum aufgewendete Pferdestärke erzeugt durch Reibung etwa 632 kcal/h, die also der Beheizung zugute kommt.

Abschnitt 9. Brennstoffe und Verbrennung.

Die brennbaren Bestandteile aller Brennstoffe sind Kohlenstoff und Wasserstoff. Der Kohlenstoff kommt teils frei, teils in chemischer Verbindung mit Wasserstoff und Sauerstoff vor. Treten diese Bestandteile unter gleichzeitiger Entzündung mit dem Sauerstoff der Luft in Verbindung, so findet eine mit heftiger Wärmeentwicklung verbundene Verbrennung statt. Der Wert der Brennstoffe wird in erster Linie nach der Wärmemenge, die sie bei der Verbrennung abzugeben vermögen, bemessen.

Man unterscheidet feste, flüssige und gasförmige Brennstoffe, die teils in der Form, in der sie gewonnen werden, teils in künstlicher Umgestaltung verwendet werden.

Der wichtigste feste Brennstoff ist die Steinkohle, die in verschiedenen Formen vorkommt. Neben brennbaren Stoffen ist darin Sauerstoff, Schwefel, Wasser und Unverbrennbares (Asche) enthalten. Die Verbindungen des Wasserstoffs (H) mit dem Kohlenstoff (C) nennt man Kohlenwasserstoffe oder flüchtige Bestandteile. Die älteste Steinkohle, der Anthrazit, enthält davon nur verschwindend kleine Mengen, dagegen fast nur reinen Kohlenstoff. Er brennt schwer, doch stets ohne Rauch und Ruß, die durch die unvollkommene Verbrennung der flüchtigen Bestandteile entstehen. Die Öfen, in denen er verfeuert wird, bleiben rein. Er ist daher ein angenehmer Brennstoff für Dauerbrandöfen. Ihm nahe kommt mit geringen Mengen flüchtiger Bestandteile die Magerkohle, die ebenfalls wenig Rauch und Ruß entwickelt, und auf diese folgen die Flamm- und Fettkohlen mit größeren Mengen flüchtiger Bestandteile.

Treibt man diese durch Erhitzung unter Luftabschluß aus, so bleibt der Koks über, der fast ausschließlich aus reinem Kohlenstoff und Unverbrennbarem besteht. Er brennt rauch- und rußfrei, sein lockeres Gefüge ermöglicht guten Zutritt der Verbrennungsluft und dadurch vollständige Verbrennung und Ausnutzung. Er ist deshalb in überwiegendem Maße der Brennstoff für Zentralheizungen geworden.

Die bei der sog. Verkokung ausgetriebenen flüchtigen Bestandteile sind ebenfalls wertvoll, aus ihnen entstehen Leuchtgas und Teer, beides wiederum Brennstoffe. Teer wird als solcher wenig verwendet, aber durch weitere Aufschließung werden daraus wiederum wichtige und wertvolle flüssige und feste Brennstoffe gewonnen (Brennöle, Benzol u. a. m.).

Ist bei der Entgasung die Gewinnung von Leuchtgas Hauptzweck, so verwendet man naturgemäß sehr gasreiche

Kohlen und sieht weniger auf die Beschaffenheit des dabei entstehenden Kokses. Legt man dagegen mehr Wert auf den Koks, so verwendet man Kohlenarten, die eine möglichst vollkommene Verkokung gestatten.

Daher stand früher zumeist der Koks der Gasanstalten, die auf die Leuchtgasgewinnung mehr Wert legten, dem Koks der Kokereien an Heizwert nach. Dieser Unterschied ist in den letzten Jahren immer geringer geworden, häufig sogar ganz verschwunden, weil die gute Verwertbarkeit des Kokses von immer größerer Bedeutung wurde. Große Gasanstalten stellen heute den Koks in der gleichen Weise und Güte wie die Kokereien der Zechen her.

Bei allen festen Brennstoffen ist eine gleichmäßige Körnung für die Verbrennung vorteilhaft, man verwendet daher heute nicht mehr die aus groben und kleinen Stücken bestehende Förderkohle, sondern die in den Aufbereitungen der Zechen nach der Größe getrennten gleichmäßigen Körnungen. Dasselbe gilt vom Koks.

Aus staubförmigen Kohlenüberresten werden durch Zusatz von Teer als Klebstoff Steinkohlenbriketts hergestellt. Bekannt sind als Brennstoff für Stubenöfen die wegen ihrer Form sogenannten Eierbriketts.

Der zweite wichtige feste Brennstoff ist die Braunkohle. Diese kommt in noch größerer Verschiedenheit als die Steinkohle vor und besitzt stets flüchtige Bestandteile in erheblichen Mengen. Die besten Braunkohlen kommen der Steinkohle so nahe, daß sich die Grenzen verwischen. Die schlechtesten tragen dagegen noch deutlich das Gepräge des Torfes oder Holzes, aus dem sie entstanden sind. Dazwischen gibt es viele Abstufungen. Der Heizwert schwankt daher in weiten Grenzen.

Die hochwertigste Braunkohle ist die böhmische und steirische. Sie ist stückig, hat hohen Heizwert und gibt beim Verbrennen eine leichte, weiße Asche. Unsere deutsche Braunkohle hat sehr hohen Wassergehalt (bis zu 60 v. H.). Ist sie nicht von vornherein erdig, so zerfällt sie meist leicht an der Luft. Sie ist deshalb ein unbequemer Brennstoff. Man stellt aber daraus einen wertvollen, weitverbreiteten und beliebten Brennstoff, die Braunkohlenbriketts, her, deren Heizwert viel höher ist, da sie einen viel geringeren Wassergehalt als die zu ihrer Herstellung verwendete Braunkohle (12—15 v. H.) haben.

Außer den Kohlen sind als feste Brennstoffe Holz und Torf zu nennen. Der Torf ist in natürlichem Zustande sehr wasserhaltig und muß daher lange an der Luft trocknen, doch behält er auch dann noch eine sehr große Feuchtigkeitsmenge. Verwendbar ist er nur in der Nähe der Gewinnungsstellen, weil sonst die Fracht im Verhältnis zum Heizwert leicht zu hoch wird. Versuche, den Torf künstlich durch Verkokung, Trocknung oder Brikettierung umzugestalten, um den Heizwert zu erhöhen, haben wegen der hohen Unkosten bisher kein befriedigendes Ergebnis gehabt.

Das Holz ist der vornehmste, aber auch der teuerste Brennstoff, wenn man von Ausnahmefällen absieht. Die daraus hergestellten Holzkohlen sind für Heizungszwecke zu teuer.

Von den flüssigen Brennstoffen kommen für Heizungszwecke das aus dem Erdöl gewonnene Gasöl sowie aus Braunkohle und Steinkohle hergestellte Brennöle in Betracht. Nachdem heute gut und sicher wirkende Ölfeuerungsanlagen vorhanden sind, die trotz höherer Brennstoffpreise ein wirtschaftliches Arbeiten gestatten, verdienen die flüssigen Brennstoffe besonders für größere Anlagen erhöhte Beachtung.

Die bei der Verarbeitung des Rohöls anfallenden Rückstände, Petrolkoks und Masut, sind in Erdölgegenden vielfach benutzte sehr hochwertige Heizstoffe für Dampfkessel, mitunter auch für Zentralheizungen.

Von den gasförmigen Brennstoffen ist das aus der Steinkohle gewonnene Leuchtgas von Bedeutung, besonders seitdem es durch die Ferngasleitungen weit verbreitet wird und die Gaswerke dazu übergegangen sind, das Leuchtgas für Heizzwecke zu erheblich verbilligten Preisen abzugeben. In Erdölgegenden wird vielfach Naturgas, das hohen Heizwert besitzt, zu Feuerungszwecken benutzt. Ebenso werden die in chemischen Großbetrieben anfallenden Kohlenwasserstoffgase Butan und Propan, verflüssigt auf Flaschen gefüllt, heute in steigendem Maße zum Kochen und Heizen verwendet.

Schließlich muß noch auf die Verwendung der elektrischen Energie zu Heizzwecken hingewiesen werden. Meistens ist jedoch ihr Preis so hoch, daß sie nur für geringfügige Wärmebedarfsfälle in Frage kommt, doch gibt es auch Ausnahmen, die ihre Verwendung wirtschaftlich erscheinen lassen können.

Abschnitt 10. Heizwert und Brennstoffausnutzung.

Die Wärmemenge, die theoretisch bei vollkommener Ausnutzung eines Brennstoffes gewonnen werden könnte, nennt man den Heizwert des Brennstoffes. Man unterscheidet dabei zwischen dem oberen und unteren Heizwert. Als oberer Heizwert (H_0) wird die Wärmemenge bezeichnet, die bei völliger Verbrennung eines Brennstoffes frei wird, wenn die Abgase und das vor der Verbrennung vorhandene und dabei entstehende Wasser auf 20^0 heruntergekühlt und der Wärmegewinn hieraus berücksichtigt wird. Der untere Heizwert (H_u), auch kurz „Heizwert" genannt, ist diejenige Wärmemenge, die bei völliger Verbrennung eines Brennstoffes und Abkühlung der Abgase auf 20^0 frei wird, ohne daß der Wärmegewinn aus der Niederschlagung des vorhandenen Wasserdampfes berücksichtigt wird. Im praktischen Feuerungsbetrieb kommt stets nur der untere Heizwert in Betracht, er beträgt für

Holz (lufttrocken)	je kg	2700 kcal
Torf (lufttrocken)	„ „	2700 „
Braunkohle	„ „	2000— 5600 kcal
Braunkohlenbriketts	„ „	4500— 5000 „

Steinkohle	je kg	6000— 7800	kcal
Koks	„ „	6000— 7300	„
Gasöl	„ „	9800—10000	„
Teeröl	„ „	8800— 9200	„
Leuchtgas	je m³	3700— 4300	„

Je nach der Güte der Feuerungsanlage wird der Heizwert mehr oder minder ausgenutzt. Bei der Verbrennung sollen sich die Kohlenstoffbestandteile mit Sauerstoff zu Kohlensäure verbinden. Findet diese Umsetzung vollkommen statt, so ist die Verbrennung eine vollständige, bleiben aber unverbrannte oder brennbare Bestandteile (Kohlenmonoxyd) zurück, so nennt man sie unvollständig.

Um eine vollständige Verbrennung zu erzielen, ist es notwendig, daß der Brennstoff mit Luftüberschuß verbrennt, denn nur dadurch ist die Sicherheit gegeben, daß an jedes Kohlenstoffteilchen auch der zur Verbrennung nötige Sauerstoff herantritt. Entsteht einerseits durch Luftmangel unvollständige Verbrennung, so ist andererseits auch ein zu hoher Luftüberschuß von Nachteil, da dann unnötig große Luftmengen auf die Abgastemperatur erwärmt werden und dem Schornstein zuströmen, so daß Wärme verlorengeht.

Die Höhe des erforderlichen Luftüberschusses hängt von der Brennstoffbeschaffenheit ab. So ist z. B. bei Leuchtgas wegen der leichten Möglichkeit, eine innige Mischung mit der Luft zu erzielen, nur ein geringer Überschuß nötig, während bei unregelmäßig stückiger Kohle ein großer Luftüberschuß nicht zu umgehen ist.

Als günstigen Wert für Heizungsfeuerungen mit festen Brennstoffen kann man annehmen, daß eine Luftmenge gleich dem 1,5fachen der theoretischen gebraucht wird.

Aus dem in den Verbrennungsgasen enthaltenen Kohlensäuregehalt lassen sich die Verluste ermitteln, die durch den Luftüberschuß entstehen.

Der theoretisch mögliche höchste Kohlensäuregehalt der Verbrennungsgase ist 21 v. H. Wie sich der Wärmeverlust unter Annahme einer Temperatur der Verbrennungsgase von 270° bei verschiedenem Kohlensäuregehalt stellt, ergibt folgende Übersicht.

Kohlensäuregehalt v. H. ...	15	10	8	6	4	2
Luftüberschuß über die theoretisch benötigte Luftmenge	0,3	0,9	1,4	2,2	3,7	8,5
Verlust v. H.	12	18	23	30	45	90

Da mit Verringerung der Abgastemperatur der Verlust sinkt, sollen die Abgase soweit wie möglich abgekühlt werden. Man begnügt sich vielfach mit Abgastemperaturen von 200 bis 300°, hat jedoch bei guten Feuerungen schon 150° und darunter erreicht. Besonders sucht man bei der Feuerung mit Leuchtgas die Abgastemperaturen so weit wie möglich herabzusetzen, da sich bei Leuchtgas leicht eine praktisch vollständige Verbrennung erzielen läßt, die Abgase somit weitgehend von unverbrannten Bestandteilen (Ruß) und Asche frei sind und daher die sonst bei niedriger Temperatur vorkommenden Ablagerungen dieser Flugstoffe nicht möglich sind. Eine untere Grenze für die Abgastemperatur ist jedoch durch die Kondensationstemperatur des in den Abgasen enthaltenen Wasserdampfes gegeben, damit sich dieser nicht an den Schornsteinwänden niederschlagen kann und die Wände durchfeuchtet. Das ist besonders bei der Verbrennung von Leuchtgas zu berücksichtigen, da hierbei besonders viel Verbrennungswasser entsteht.

Die Gesamtausnutzung der Brennstoffe in den Feuerungsanlagen schwankt in weiteren Grenzen. Der offene Kamin hat nur eine Ausnutzung von 5 bis 10 v. H., bei Stubenöfen schwankt sie sehr stark und beträgt rd. 10 v. H. bei den gewöhnlichen eisernen Kanonenöfen.

Bei großen neuzeitlichen Einzelöfen sind in Probeversuchen bis 80 v. H. Ausnutzung nachgewiesen, doch kann man im laufenden Betriebe nicht auf solche Zahlen rechnen und erreicht nur einen viel geringeren mittleren Wirkungsgrad.

Auch in Zentralheizungskesseln hat man bei Versuchen Ausnutzungsgrade von etwa 80 v. H. selbst bei weiten Beanspruchungsschwankungen festgestellt, doch ist der mittlere Wirkungsgrad einer Zentralheizungsanlage geringer. Bei guter Ausführung und sorgfältiger Behandlung der Anlage kann man bis 60 v. H. erreichen.

Bei Leuchtgas- und Ölfeuerung ist der Ausnutzungsgrad des Brennstoffes auch nicht höher als etwa 80—85 v. H. anzunehmen. Man darf jedoch mit einem höheren Wirkungsgrad rechnen, da sich derartige Feuerungen sehr leicht regeln und damit fast unmittelbar an den augenblicklichen Bedarf anpassen lassen.

Im allgemeinen sind Zentralheizungen bezüglich des Brennstoffverbrauchs den Einzelöfen überlegen. Die natürliche Folge der Benutzung von Zentralheizungsanlagen ist aber die Vermehrung der Anzahl der beheizten Räume. Das kann meistens geschehen, ohne daß eine Steigerung des Brennstoffverbrauchs gegenüber Ofenheizung erfolgt.

Abschnitt 11. Der Schornstein.

Der Schornstein dient dazu, die durch die Verbrennung entstehenden Abgase abzuleiten und der Feuerung die erforderliche Verbrennungsluft zuzuführen. Der Schornsteinzug entsteht durch den Unterschied zwischen dem Gewicht der spezifisch leichten Säule heißer Gase im Schornstein und dem der kalten Außenluft, die das Bestreben haben, sich auszugleichen. Dadurch entsteht eine Aufwärtsbewegung im Schornstein, die man mit Zug bezeichnet.

Dieser muß so stark sein, daß er die Widerstände, die Feuerbettung und Rost dem Eintreten der Verbrennungsluft und die Kesselzüge, Fuchs und Schornstein der Abführung der Abgase entgegenstellen, sicher überwindet und zudem soviel Luft zuführt, daß der erforderliche Luftüberschuß erhalten bleibt. Je höher der Schornstein und die

Temperatur der eingeschlossenen Abgassäule ist, desto stärker ist der Zug.

Eine brauchbare Formel zur Berechnung des Zuges ist nach Marx

$$Z = 0{,}0023\, h\, (t_{rm} - t_a) \qquad (3)$$

Hierin ist Z der Zug in mm WS
h die wirksame Höhe des Schornsteins von Oberkante Fuchs bis Mündung in m.
t_{rm} die mittlere Temperatur der Gase im Schornstein
t_a die Temperatur der Außenluft.

Bei den freistehenden Schornsteinen, wie sie für Dampfkesselanlagen benutzt werden, ist man zur Erzielung des erforderlichen Zuges in der Höhe nicht beschränkt. Man kann somit eine große Zugkraft auch bei minderwarmen Abgasen erzielen, wenn man die Höhe groß genug wählt. Bei den Hausschornsteinen oder Rauchrohren ist man infolge der Gebäudehöhe an bestimmte Höhen gebunden, doch gelingt es auch hier, die genügende Zugwirkung zu erzielen, da Hausfeuerungen, sowohl Stubenöfen wie Zentralheizungskessel, keinen so kräftigen Zug gebrauchen wie die Dampfkesselanlagen. Im Gegenteil ist es zur Erreichung einer günstigen Verbrennung und Brennstoffausnutzung erwünscht, den Zug so gering zu halten, wie es die Feuerung nur irgend zuläßt. Es genügt bei Koksfeuerung meist ein Zug von 4—5 mm WS, bei Brikett- und Steinkohlen 2—3 mm WS mehr.

Die besteigbaren Hausschornsteine der früheren Zeit werden nur wenig verwendet; sie waren angebracht, wo man Feuerungen benutzte, die viel Luftüberschuß benötigten, wie offene Herdfeuer und Kamine. Heute benutzt man allgemein die engeren Rauchrohre, deren jedes für einen oder nur wenige Öfen bestimmt ist. Sie werden nach den Normalgrößen der Backsteine bemessen, z. B. 14×14, 14×26, 20×20, 20×26 cm. Gleichseitige (quadratische) Schornsteine wirken wegen geringerer Reibungswiderstände günstiger als ungleichseitige. Als Regel gilt, an ein Rauchrohr von 250 cm² nicht mehr als drei Öfen anzuschließen.

Brauchbare Rauchrohrweiten für Herd- und Ofenfeuerungen erhält man aus den Formeln

$$f = \frac{10000\,B}{70\sqrt{h}} \quad \text{bei Steinkohle und Koks} \tag{4}$$

und

$$f = \frac{10000\,B}{47\sqrt{h}} \quad \text{bei Torf und Holz} \tag{5}$$

Hierin ist B das Gewicht des stündlich verbrauchten Brennstoffes in kg,
h die wirksame Höhe des Schornsteines in m,
f der erforderliche Querschnitt in cm².

Für offene Kaminfeuer ist mindestens die doppelte Weite nötig. Brauchbare Werte für Zentralheizungsschornsteine erhält man nach Marx bei Verwendung von Koks aus der Formel

$$f = \frac{Q}{30\sqrt{h}}. \tag{6}$$

Hierin ist f und h wie oben,
Q die stündlich von dem Kessel zu liefernde Wärmemenge.

Die Formel ist nach Marx auch für Braunkohlenbriketts und Holz annähernd richtig, für Steinkohle und Steinkohlenbriketts empfiehlt er 10 bis 15 v. H. kleinere Werte.

Es sei darauf hingewiesen, daß jeder Heizkessel eine gewisse Mindesthöhe des Schornsteins erfordert, die nach der Bauart der Kessel verschieden ist und aus den Angaben der Lieferwerke entnommen werden kann. Voraussetzung für das richtige Arbeiten eines Schornsteins sind außer den richtigen Abmessungen saubere Bauausführung und eine einwandfreie Schornsteinmündung. Scharfe Kniee und plötzliche Richtungsänderungen müssen unbedingt vermieden werden. Der Schornstein muß vor Durchfeuchtung, Nebenluft und zu starker Abkühlung geschützt sein, er sollte also nicht in Außenwänden liegen. Der Schornsteinkopf soll weiter durch seine Lage und Ausführung gegen schädliche Windeinflüsse und Rückstauerscheinungen geschützt sein. Sogenannte Schornsteinaufsätze müssen bei Zentralheizungsanlagen auf jeden Fall vermieden werden.

Die Baupolizeiverordnungen enthalten eine Reihe von Vorschriften, die bei der Ausführung von Schornsteinen beachtet werden müssen. So dürfen in Schornsteine für Zentralheizungen Rauchrohre anderer Feuerungen nicht eingeführt werden [1]).

Bei Gasfeuerung muß der Schornstein nur die Verbrennungsgase abführen. Er dient also nicht als Zugerzeuger. Solche Feuerungen müssen vor Rückströmungen der Gase in die Öfen besonders gesichert und vor zu großer Abkühlung geschützt werden, um das Niederschlagen des Verbrennungswassers sicher zu verhindern.

Abschnitt 12. Rauch und Ruß.

Rauch und Ruß entstehen bei unvollständiger Verbrennung solcher Brennstoffe, die flüchtige Bestandteile enthalten. Sie sind unverbrannte Kohlenteile, doch sind selbst bei starker Rauchbildung die Brennstoffverluste durch den Rauch bei weitem nicht so stark, wie man meistens annimmt. Sie betragen nur wenige Hundertstel. Andererseits ist die Brennstoffausnutzung bei völlig rauchfreier Verbrennung auch nicht so günstig, da sie die Folge eines größeren Luftüberschusses ist, dessen Nachteile oben erwähnt wurden. Die wirtschaftlichste Verbrennung erfolgt bei Steinkohle, wenn ein ganz leichter Rauch entsteht.

Rauch und Ruß sind eine große Plage für die Städte; an

[1]) Da dieses Verbot die Einführung von Zentralheizungen, besonders Stockwerksheizungen, in älteren Gebäuden sehr erschwert, werden manchenorts auf Antrag bei kleinen Heizkesseln Ausnahmen gestattet. Es empfiehlt sich in allen Fällen der Benutzung von Schornsteinen in alten Gebäuden, den zuständigen Schornsteinfeger zu Rate zu ziehen.

ihrer Beseitigung oder Verminderung wird seit langem, und zwar soweit Ofenheizungen in Frage kommen, nur mit geringem Erfolg gearbeitet, während sowohl in technischen Betrieben, wie auch in Zentralheizungen wesentliche Fortschritte gemacht wurden, bei jenen durch sorgsame Wartung und Verbesserung der Feuerungen, bei diesen durch die überwiegende Verwendung von Koks, der keinen Rauch bildet.

Für die Brennstoffausnutzung ist der Ruß ferner dann schädlich, wenn er sich an die Wände der Öfen oder Heizkessel setzt. Ruß ist ein schlechter Wärmeleiter, er vermindert daher die Leistungsfähigkeit der Öfen, weil er den Wärmeübergang von den heißen Gasen an die Ofenwände verringert.

Besteht der Ruß zum Teil aus Teernebeln, so setzt er sich leicht als Glanzruß an die Schornsteinwandungen und kann Veranlassung zu Schornsteinbränden geben.

Die immer mehr steigende Verwendung des Leuchtgases als Brennstoff hat die Rauchplage in den Städten günstig beeinflußt.

II. Teil.

Die Luft und ihre Beschaffenheit.

Abschnitt 13. Allgemeines, Zusammensetzung der Luft.

Die Erhaltung der menschlichen Gesundheit verlangt, daß in Wohnräumen nicht allein eine genügend aber nicht übermäßig erwärmte, sondern vor allem bekömmliche Luft vorhanden ist. Die Heizungsanlage muß selbstverständlich so beschaffen sein, daß durch sie keine Luftverschlechterung eintreten kann. Man wird sogar darauf sehen, daß die Heizungsanlagen die Luftverhältnisse möglichst noch verbessern. Welche Möglichkeiten in dieser Beziehung vorliegen, wird an geeigneter Stelle besprochen werden.

Die den Erdball umgebende Lufthülle besteht aus einem

in der Zusammensetzung im wesentlichen ziemlich gleichbleibenden Gemenge von Sauerstoff und Stickstoff. In teils sehr geringen Mengen sind noch andere Gase darin enthalten, so das dem Stickstoff verwandte Argon, ferner meist Ammoniak, Wasserstoffsuperoxyd, Ozon und vor allem Kohlensäure. Mechanisch beigemengt ist ferner eine wechselnde Menge von Wasserdampf und auch mehr oder weniger Staub. Die drei letzten Bestandteile verlangen die volle Beachtung des Heizungs- und Gesundheitsfachmannes.

Rund 21 v. H. Raumteile der Luft sind Sauerstoff, 79 v. H. Stickstoff. Der Kohlensäuregehalt beträgt in reinster Luft 0,03 v. H., in den Städten 0,04 bis 0,05 v. H. und mehr. Die Wasserdampfmenge, die die Luft aufnehmen kann, ohne daß sie sichtbar wird, d. h. bis zur „Sättigung", steigt mit der Temperatur der Luft, wie aus folgender Zahlentafel hervorgeht.

Zahlentafel 10.

Wasserdampfgehalt der gesättigten Luft bei verschiedenen Temperaturen.

°C	−20	−15	−10	−5	±0	+5	6	7	8	9	10	11	12	13	14	15
g/m^3	1,0	1,5	2,3	3,4	4,9	6,8	7,3	7,8	8,3	8,8	9,4	10	10,6	11,3	12,0	12,8

°C	16	17	18	19	20	21	22	23	24	25	26	27	28	29	30
g/m^3	13,6	14,4	15,1	16,3	17,2	18,3	19,4	20,5	21,6	22,9	24,2	25,7	27,1	28,6	30,2

Wenn z. B. gesättigte Luft von 0^0 auf $+10^0$ erwärmt wird, so beträgt der „Feuchtigkeitsgrad" dieser erwärmten Luft $\frac{4,9}{9,4}$ oder etwas weniger als 50 v. H. Wird gesättigte Luft von $+10^0$ auf 0^0 gekühlt, so muß sich der Überschuß zwischen 9,4 und 4,9 g ausscheiden; es entsteht Nebel oder Taubildung (Beschlagen der Fenster). In Räumen, die nur selten beheizt werden, entwickelt sich daraus eine Durchfeuchtung der Einrichtung und besonders der Außenwände, die Schimmelbildung, Stockflecken oder Modergeruch hervorrufen kann.

Natürlich kann auch die in Wohnräumen befindliche Luft durch Unreinlichkeit und Ausdünstung aus Küche und Waschküche, Vermoderung feuchter Holzteile u. dergl. verdorben und für die Bewohner schädlich werden. Es ist vor allem Sache des Erbauers, die Einrichtungen so zu treffen, daß die Wohnungen davon verschont bleiben; doch können Heizung und Lüftung auch dazu herangezogen werden.

Im Nachfolgenden kann nur von den normalen und unvermeidlichen Verunreinigungen der Luft die Rede sein. Die durch gewerbliche Tätigkeit entstehende Verunreinigung muß hier ausgeschaltet werden. Die richtige Wahl der gegen diese zu treffenden Vorkehrungen macht jeweils genaue Erhebungen nötig und ist Sache von auf diesem Gebiete erfahrenen Technikern.

Abschnitt 14. Luftverschlechterung durch Kohlensäure.

Reine Kohlensäure ist ein giftiges Gas, die Anhäufung von zuviel Kohlensäure in der Luft muß daher vermieden werden. Pettenkofer hat den Kohlensäuregehalt als Maßstab für die Güte der Luft deshalb eingeführt, weil mit der Vermehrung der Kohlensäure auch eine Anhäufung der Riech- und Ekelstoffe einhergeht. Bei einem Gehalt von 0,75 bis 1 v. H. Kohlensäure war bereits ein unangenehmer Geruch festzustellen. Beimischungen von 1 bis 2 v. H. werden anstandslos auch jahrelang ertragen, auf kurze Dauer sogar 8 bis 10 v. H. Bei einer Beimischung von 20 bis 30 v. H. tritt rasch Bewußtlosigkeit, später der Tod ein.

Geht man von der Forderung aus, daß die Luft in einem Wohnraume keinen höheren Kohlensäuregehalt als 1 v. T. haben soll, so beträgt die für einen Menschen nötige stündliche

Luftmenge $L = 32\ m^3$. Da ein Wohnraum in einer Stunde in der Regel seinen Luftinhalt einmal erneuert, würde also für jeden Menschen ein Raumbedarf von $32\ m^3$ gegeben sein.

Die Vermehrung des Kohlensäuregehaltes entsteht zunächst durch den Menschen selbst. Die menschliche Lunge entnimmt der Luft den Sauerstoff und gibt Kohlensäure wieder ab. Dieser Atmungsvorgang ist der gleiche, wie bei der Verbrennung, geht also auch mit Wärmeentwicklung vor sich (vergl. Abschn. 6). Je nach Alter und Geschlecht ist die von Menschen abgegebene Kohlensäuremenge verschieden groß. Ein Kind gibt stündlich 10 l, ein Erwachsener in Ruhe 18 bis 20 l, bei körperlicher Arbeit 25—36 l Kohlensäure ab.

Die älteren Beleuchtungsarten, Gas, Erdöl u. dergl., entwickelten sehr viel Kohlensäure. Wegen ihrer stark zurückgegangenen Anwendung brauchen sie hier nicht weiter betrachtet zu werden.

Bei jeder Verbrennung entsteht, wie weiter oben geschildert, Kohlensäure und bei unvollständiger Verbrennung stark giftiges Kohlenoxyd und Rauch, deshalb muß vermieden werden, Verbrennungsgase von Öfen in die Räume selbst zu leiten. Der offene Kokskorb, der zur Trocknung der Neubauten Verwendung findet, ist sehr gefährlich, aber auch Gasöfen sind unbedingt zu verwerfen, wenn sie nicht am Schornsteine angeschlossen sind. Eine Ausnahme mag für vorübergehenden Gebrauch der Petroleumöfen gestattet sein, solange man sie nur zur Aushilfe bei geringem Wärmebedarf benutzt.

Die Erhaltung einer an Kohlensäure nicht zu reichen Luft bildet also eine der Grundlagen für die Berechnung des Luftbedarfs bei Lüftungsanlagen. Ist k die Kohlensäure in m^3, die sich stündlich in einem Raume entwickelt, c_2 der zulässige Kohlensäuregehalt, c_1 der Kohlensäuregehalt der zuzuführenden Luft, so ist die benötigte Luftmenge

$$L = \frac{K}{c_2 - c_1} \qquad (7)$$

Nach dieser Formel ergibt sich für eine Schulklasse mit 50 Kindern folgender Luftbedarf: Sie geben $50 \cdot 10\,l = 500\,l = \frac{1}{2}\,m^3$ Kohlensäure ab. Ist der Kohlensäuregehalt der zuströmenden Luft 0,05 v. H. und soll der höchste Kohlensäuregehalt in der Klasse 0,15 v. H. betragen, so ergibt sich die benötigte Luftmenge

$$L = \frac{0{,}5}{0{,}0015 - 0{,}0005} = 500\ m^3$$

oder für jedes Schulkind 10 m³.

Bei Räumen (Sitzungssälen u. dergl.), die nur vorübergehend benutzt werden, wendet man die folgende Kohlrausch'sche Formel an:

$$L = \frac{2}{c_2 + c_0 - 2c_1}\left(\frac{V}{z}(c_0 - c_2) + K\right) \qquad (8)$$

Hier ist außer obigen Bedeutungen c_0 der Kohlensäuregehalt der Raumluft vor Beginn der Lüftung in m³ (bei Räumen, die längere Zeit unbenutzt waren, mit 0,0005 (0,05 v. H.) zu setzen, V der Inhalt des zu lüftenden Raumes in m³, z die Dauer der Kohlensäureentwicklung in Stunden.

Abschnitt 15. Luftfeuchtigkeit in Wohnräumen.

Vielfach ist die Ansicht verbreitet, daß in Wohnräumen ein nicht zu geringer Feuchtigkeitsgehalt der Luft zur Erhaltung von Gesundheit und Behaglichkeit erforderlich sei. Man macht insbesondere der Zentralheizung den Vorwurf, daß sie die Luft „austrockne", also ungesund mache. Dieses weitverbreitete Vorurteil ist die Folge einer Erscheinung, die mit dem Feuchtigkeitsgrad der Luft nicht das Geringste zu tun hat, nämlich der Einwirkung verschwelten Staubes auf die Atmungsorgane. Durch die bei Zentralheizungen stark vermehrte Umwälzung der Raumluft wird naturgemäß auch Staub aufgewirbelt. Dieser gelangt auch an die Heizkörper und beginnt bei Heizkörpertemperaturen von 70° an zu verschwelen. Die verschwelten Staubteile und die daraus entstehenden Schwelgase rufen dann die Trockenheitsgefühle und das bekannte Kratzen im Halse hervor.

Im Gegensatz zu der obigen Anschauung ist ein geringerer Feuchtigkeitsgrad dem Menschen zuträglicher als ein hoher. Durch die Atmungsorgane und vor allem die Haut scheidet der menschliche Körper je nach seiner Tätigkeit verschieden große Flüssigkeitsmengen ab. Ist die Luft trocken, so kann sie diese leicht aufnehmen und es entsteht durch die Verdunstung Abkühlung und Erfrischung. Erhöhter Stoffwechsel und damit Wohlbehagen sind die Folge. Ist die Luft dagegen feucht, so wird die Flüssigkeit nicht so leicht aufgenommen, und es tritt Unbehagen ein.

Man braucht nur einmal an das Wohlbefinden an einem klaren warmen Sommertag oder hellen Wintertag und an einem schwülen Gewittertag oder nebligen Herbsttag zu denken und sich dabei zu vergegenwärtigen, welche von diesen Tagen die trockenen und welche die feuchten sind, um die Richtigkeit dieser Tatsache erkennen zu können.

Man hält heute Feuchtigkeitsgrade der Raumluft von 30 bis 60 v. H. als zuträglich, darüber hinaus beginnt man Unbehagen zu empfinden.

In mit guten Heizungseinrichtungen versehenen Wohnräumen braucht man keine besonderen Feuchtigkeitsspender. Die häufig an den Heizkörpern angebrachten Verdunstungsgefäße sind in ihrer Wirkung meist völlig bedeutungslos und zu verwerfen, da sie, wenn sie nicht peinlich sauber gehalten werden, die Quelle übler Gerüche werden und der Bildung von Krankheitskeimen Vorschub leisten. Wenn jemand ihre wohltätige Wirkung rühmt, so ist das Einbildung. Durch die Ausdünstungen der Bewohner und etwa in den Räumen befindlicher hygroskopischer Körper sowie durch den natürlichen Luftwechsel gelangt mehr Feuchtigkeit in die Räume, als durch derartige Verdunstungsgefäße. Die in der heißen Jahreszeit mitunter verwendeten Zimmerspringbrunnen sollen durch Verdunstung abkühlend wirken, nicht aber die Luftfeuchtigkeit erhöhen.

Führt man dagegen einem Raume künstlich Luft zu, und muß diese vorher stark erwärmen, so ist eine künstliche Anfeuchtung nicht zu entbehren. Das hängt mit der wachsenden Aufnahmefähigkeit der Luft für Wasserdampf bei steigenden Temperaturen zusammen. Gesättigte Luft von -20^0 hat einen Feuchtigkeitsgehalt von 1 g/m³, solche von $+20^0$ dagegen von 17,2 g/m³. Wärmt man also gesättigte Luft von -20^0 auf $+20^0$ an, ohne sie anzufeuchten, so beträgt ihr Feuchtigkeitsgehalt nur noch $1 : 17{,}2 = 6$ v. H., was viel zu wenig ist. Man muß ihr also durch zerstäubtes oder verdampftes Wasser die nötige Feuchtigkeit zuführen.

In vielen technischen Betrieben, vor allem in der Faserstoff- und Tabakverarbeitung, kommt der Luftfeuchtigkeit besondere Bedeutung zu. Ein hoher Feuchtigkeitsgehalt von 70 v. H. und darüber vermehrt nicht nur die Leistung der Maschinen, da weniger Fadenbrüche vorkommen, sondern gibt auch dem Gespinst oder Gewebe eine glattere Oberfläche bezw. erhöht das Aroma der Tabakwaren. Zweckmäßig trennt man in solchen Betrieben die Luftbefeuchtungsanlagen völlig von der Heizung und Lüftung, da man auf diese Weise den gewünschten Feuchtigkeitsgrad sicher und dauernd erhalten kann.

Andererseits gibt es auch Betriebe, in denen der Luft so viel Feuchtigkeit zugeführt wird, daß durch Übersättigung Nebel entstehen (Färbereien, Wäschereien, Großküchen). Hier ist also die Aufgabe, die Räume von dieser übergroßen Feuchtigkeit zu befreien, sie zu „entnebeln". Durch Einblasen kalter Luft würde der Nebel verstärkt werden, deshalb muß die eingeführte Luft vorgewärmt werden, damit sie die überschüssige Feuchtigkeit aufnehmen und den Nebel auflösen kann. Damit dadurch die Raumtemperatur nicht zu hoch wird, werden für solche Entnebelungen die Luftmengen sehr groß genommen (bis zum 10fachen und mehr des Rauminhalts).

Natürlich lassen sich sowohl für die Luftbefeuchtung wie die Entnebelung in Betrieben genaue Berechnungen an Hand der vorliegenden Verhältnisse anstellen. Das ist aber die Sache besonderer Fachkenner und ihre Erläuterung würde hier zu weit führen. Ebenso steht es mit dem noch viel umfangreicheren Gebiete solcher Anlagen, bei denen die Feuchtigkeit aus Stoffen aller Art entfernt werden soll, d. h. also der Trockenanlagen, zu deren richtiger Ausbildung besonders große Erfahrungen gehören.

Abschnitt 16. Gebräuchliche Luftmengen.

Beim Entwurf von Lüftungsanlagen stützt man sich zur Bestimmung der zuzuführenden Luftmenge auf Erfahrungswerte. Als stündlichen Luftbedarf rechnet man je Kopf der Besetzung nach den Angaben in „Rietschel, Heizungs- und Lüftungstechnik".

bei Theatern und Versammlungsräumen	
im Winter	20—30 m^3
im Sommer	40—50 m^3
„ Schulen, je nach dem Alter der Kinder	15—25 m^3
„ Krankenräumen mit einzelnem Bett	70 m^3
„ Krankenhäusern mit mehreren Betten	50 m^3
„ Kinderkrankenzimmern mit mehreren Betten	35 m^3

Ist die Besetzung unbekannt, so rechnet man mit einem stündlichen Luftwechsel

bei Wohnräumen und Büros	1—2-fach
„ Treppenhäusern	½—2- „
„ Baderäumen	2—3- „
„ Aborten	5- „
„ Gaststätten	5- „
„ Küchen	10—40- „

Die auf diese Weise erhaltenen Werte vergleicht man mit denen, die sich aus dem früher beschriebenen Einfluß der Erwärmung durch Anwesenheit vieler Menschen (Abschn. 8) und des Kohlensäuregehaltes (Abschn. 14) ergeben. Kommen hierbei höhere Ergebnisse heraus, so setzt man diese an Stelle der obigen Erfahrungswerte in die Rechnung ein.

Man ist mit dem Luftwechsel an gewisse Grenzen gebunden, da eine zu starke Lüftung Zugbelästigungen zur Folge haben kann, die jedoch durch geeignete Anordnung und Ausbildung der Be- und Entlüftungsöffnungen weitgehend beeinflußt werden können. Man sollte aber dazu stets einen Lüftungsfachmann heranziehen, da nur dieser die Verhältnisse richtig beurteilen und gegeneinander abwägen kann.

Abschnitt 17. Staubgehalt der Luft.

Der Staubgehalt der Luft in Wohnräumen erfordert die sorgfältigste Beachtung durch den Heizungsfachmann. Außer dem durch den Verkehr in den Räumen in diese hineingetragenen und durch das geöffnete Fenster eindringenden Staub, dessen erdige und gröbere Bestandteile sich schnell niederschlagen, gelangen sehr viele Staubteilchen in die Räume, die aus pflanzlichen und tierischen Abgängen u. dergl. herrühren und zwischen denen sich vielfach krankheitserregende Sporen und Keime befinden können. Vor allem diese Staubteilchen organischer Herkunft sind gefährlich und für die Luftverschlechterung in erster Linie verantwortlich zu machen. Hinzu kommen Rußteile und vieles andere mehr, sodaß der Staubgehalt der Raumluft meistens höher ist als der der Außenluft.

Die heute meist gute Befestigung und Reinigung der Straßenoberflächen, besonders in den Städten, und die gründlichere Reinigung der Räume selbst (Staubsauger) hat den Staubgehalt der Raumluft gegenüber früheren Zeiten stark vermindert, aber es gibt immer noch Aufgaben, die der Heizungs- und Lüftungsfachmann hinsichtlich des Staubes lösen muß.

Wenn man im Herbst einen Ofen anheizt, der vorher nicht sorgfältig gereinigt ist, nimmt man, sobald die Ofenflächen heiß werden, einen unangenehmen Geruch wahr. Aber das nicht allein; man erhält den Eindruck, als sei die Luft sehr trocken, weil man im Halse ein lebhaftes Trockengefühl empfindet. Das kommt daher, daß der mit den Öfen in Berührung kommende Staub versengt oder verschwelt, wobessich Ammoniak entwickelt, das die Schleimhäute des Halse reizt und jenes Gefühl der Trockenheit hervorruft. Diese Erscheinung tritt ein, wenn die Oberflächentemperatur der Heizflächen bei normalem Feuchtigkeitsgehalt 70° überschreitet. Sie ist lebhafter und beginnt früher, wenn der Staub oder die Luft feucht ist. Die Heizflächen sollten nach alledem so eingerichtet sein, daß sie die Temperaturgrenze von 70° nicht überschreiten. Ist das nicht erreichbar, so muß wenigstens dafür gesorgt werden, daß die Heizkörper und Öfen möglichst wenig Flächen haben, auf denen sich Staub ablagern kann, ferner daß sie leicht zugänglich, also leicht zu reinigen sind.

Dann ist es selbstverständlich erforderlich, dafür zu sorgen, daß die Luft, die durch Luftheizungen oder Lüftungsanlagen in die Wohnräume gelangt, möglichst staubfrei ist. Über die hierfür zu treffenden Vorkehrungen siehe die Abschnitte über Luftheizung und künstliche Lüftung.

III. Teil.

Die Heizung.

Abschnitt 18. Allgemeines.

Außer der Beschaffung ausreichender Wärme bei Erhaltung gesunder Luft stellt man an die Heizungsanlagen folgende Ansprüche:

Die Räume sollen möglichst gleichmäßig erwärmt sein.

Die Wärmeabgabe soll leicht geregelt werden können.

Die Heizungseinrichtungen sollen dauerhaft sein.

Die Heizungen sollen im Betriebe billig sein.

Der Platzbedarf der Heizkörper selbst soll möglichst gering sein.

Gefahren müssen ausgeschlossen sein.

Man unterscheidet zwischen Einzel- oder Ofenheizungen und Zentral- oder Sammelheizungen. Bei jenen ist in der Regel für jeden zu beheizenden Raum ein Ofen mit eigener Feuerstelle, bei diesen eine solche für eine größere Anzahl von Räumen, denen die Wärme durch Rohre oder Kanäle unter Benutzung eines Übertragungsmittels — Luft, Dampf, Wasser — zugeführt wird, vorhanden.

Die Ofenheizung ist durch die Zentralheizung stark verdrängt worden, da diese den aufgeführten Forderungen weit besser zu entsprechen vermag als die Öfen. Nicht nur sind gute Zentralheizungen bei der Lieferung gleicher Wärmemengen im Brennstoffverbrauch sparsamer als Einzelöfen, sondern es ist auch eine gleichmäßige Wärmeverteilung sowohl in den einzelnen Räumen als auch im ganzen Hause leichter zu erreichen. Dabei ist die Bedienung einfacher, die Feuersgefahr geringer und eine Verschmutzung der Räume durch Kohle und Asche ausgeschlossen. Nur kleine Stockwerksheizungen mit Heizkesseln in den Küchen machen eine Ausnahme.

Die Leichtigkeit, mit der man bei zentraler Beheizung eine gleichmäßige Durchwärmung aller Räume erreichen kann, steigert den Wert der Wohnungen erheblich. Die Ansicht, daß die Bewohner solcher Wohnungen „verwöhnt" und Erkältungen mehr ausgesetzt seien, ist irrig. Es ist nachgewiesen, daß das Gegenteil der Fall ist. Ebenso ist es eine in kalten Wintern stets aufs Neue bewiesene Tatsache, daß Häuser mit Zentralheizungen nicht so stark der Gefahr des Einfrierens der Wasserleitungen usw. ausgesetzt sind.

Selbstverständlich ergeben sich diese Annehmlichkeiten nur dann, wenn es sich um wirklich gute Zentralheizungen handelt. Ihre guten Eigenschaften fallen fort, wenn sie aus Sparsamkeitsgründen nur auf das Notdürftigste ausgestattet, Heizkörper und Kessel zu klein, die Rohrleitungen zu eng sind oder gar eine ungeeignete oder schlechte Ausführungsart gewählt worden ist. Solchen Heizungen gegenüber sind Einzelöfen vorzuziehen.

Die Einsicht über gut und schlecht bei Zentralheizungen ist aber noch sehr im Rückstande. Die

Besitzer solcher Anlagen merken meistens zu spät und zu ihrem Schaden an kalten Zimmern, hohem Brennstoffverbrauch und schlechter Luft die Nachlässigkeit oder Unkenntnis der Hersteller oder die Nachteile, die die eigene wenig angebrachte Sparsamkeit mit sich gebracht hat. Das Haus kann dauernd entwertet sein.

Es sei darauf hingewiesen, daß in neuen Häusern die Heizungsanlagen anfangs leicht etwas knapp erscheinen und mehr Brennstoff verbrauchen, solange die Gebäude noch feucht sind. Sind sie erst ausgetrocknet, so braucht die Wärme, die zur Verdampfung der Feuchtigkeit der Wände nötig war, nicht mehr aufgewandt werden; auch leiten trockene Wände die Wärme nicht mehr so schnell ab wie feuchte, und die vorher anscheinend zu wenig leistende Anlage ist dann völlig ausreichend.

Die Ausführung der Heizungsanlagen ist Vertrauenssache, mit der man nicht jeden beauftragen darf, der vorgibt, solche Arbeiten zu kennen. Wer das nicht berücksichtigt, kann als Eigentümer der Anlage leicht in Gefahr kommen, für Gesundheit und Leben seiner Mitmenschen verantwortlich gemacht zu werden, wenn infolge Unkenntnis oder Vernachlässigung baupolizeilicher und gesetzlicher Sicherheitsvorschriften Unglücksfälle eingetreten sind. Es gibt genügend tüchtige Fachleute, deren Namen schon verbürgen, daß sie sich zur Herstellung minderwertiger Anlagen nicht hergeben.

Abschnitt 19. Einzel- oder Ofenheizung.

Für die Beurteilung der Güte eines Ofens sind folgende Gesichtspunkte zu beachten:

Bei einer möglichst vollkommenen Verbrennung der Brennstoffe soll die Ausnutzung der erzeugten Wärme die besterreichbare sein. Dabei soll der Ofen nicht durch starke strahlende Wärme belästigen, die wärmeabgebenden Flächen dürfen also nicht zu hoch erhitzt werden.

Die Verbrennung muß regelbar sein. Die zweckmäßigste Regelung würde durch Einschränkung des Zuges erzielt werden, doch wird meistens die Regelung der Verbrennungsluft, wobei allerdings unvollständige Verbrennung, Kohlenoxydbildung, eintreten kann, vorgezogen. Bei solchen Öfen muß auf gutes Dichthalten der Füllschachttüren geachtet werden, da bei schwachem Feuer der Schornstein versagen und ein Rückstau eintreten kann, der infolge der Brennbarkeit des Feuergases zu Verpuffungen im Ofen oder gar zum Austritt der Gase in die Räume führt. Das muß unbedingt vermieden werden, da sie zum Teil aus Kohlenoxydgas bestehen, das selbst bei starker Verdünnung in hohem Grade giftig ist. Fast überall verbieten polizeiliche Bestimmungen die Anbringung von Schiebern oder Klappen zwischen Ofen und Schornstein, die den Abzug völlig abschließen können.

Die meisten Öfen entnehmen ihre Verbrennungsluft aus dem zu erwärmenden Raume selbst und bewirken damit eine Lüftung. Diese wird jedoch vielfach in ihrem Werte überschätzt, da die aus dem Raume entnommene Luftmenge nur verhältnismäßig gering ist, wie folgendes Beispiel zeigt:

In einem Wohnzimmer von etwa 60 m^3 Inhalt wird man in einem Ofen etwa stündlich 1 kg Kohle verbrennen. Diese gebraucht zu ihrer Verbrennung, wenn man sehr reichlich mit dem dreifachen der theoretisch erforderlichen Luftmenge rechnet, etwa 20 m^3 Luft. Der Luftinhalt erneuert sich durch die Verbrennung also nur zu $^1/_3$ in der Stunde, während durch Undichtigkeiten der Fenster, Türen und Wände schon von selbst ein etwa einmaliger Luftwechsel entsteht.

Mithin ist eine geringe Lüftung wohl vorhanden, die sich aber in Wirklichkeit überhaupt nicht bemerkbar macht, besonders, wo man heute auch bei den Öfen auf sehr sparsamen Betrieb achtet und deshalb die zugeführte Verbrennungsluft möglichst einschränkt, um den Brennstoff gut auszunutzen.

Man kann die Öfen darnach unterscheiden, ob sie ein offenes oder geschlossenes Feuer besitzen; die ersteren nennt man Kamine, die bei uns in Deutschland kaum anders als zu Prunkfeuerungen benutzt werden. Die eigentlichen

Öfen werden wieder unterschieden darnach, ob eine fortdauernde Beschickung erforderlich ist, oder ob sie einen Brennstoffvorrat aufnehmen können, so daß die Beschickung in größeren Abständen erfolgen kann.

Eine andere Unterscheidung ist die nach dem verwandten Baustoffe. Die in Frage kommenden Baustoffe sind Gußeisen, Schmiedeeisen und gebrannter Ton (Backstein, Majolika, Steingut, Porzellan in Form von Kacheln). Bei vielen Öfen werden mehrere dieser Baustoffe zusammen verwendet.

Ferner unterscheidet man Öfen, die, wie z. B. die eisernen Öfen, nur den augenblicklichen Wärmebedarf decken sollen, und solche, wie die Tonöfen, die vermöge ihrer Masse größere Wärmemengen aufspeichern können, die nach Erlöschen des Feuers dem Zimmer zugute kommen. Die erstgenannten Öfen haben ein größeres Anpassungsvermögen an den Bedarf. Die eisernen Öfen, deren dem Feuer ausgesetzte Teile durch feuerfeste Steine oder Schamotte vor zu großer Erhitzung geschützt werden, geben auf kleineren Flächen größere Wärmemengen ab, sie wirken daher leicht lästig durch strahlende Wärme. Zu deren Beseitigung sind Ofenschirme oder besser Ofenmäntel erforderlich. Der zwischen Ofen und Ofenmantel entstehende Luftraum wirkt bei genügender Weite günstig auf die gleichmäßige Erwärmung des Raumes, weil eine Luftbewegung entsteht, indem die kühle Luft vom Fußboden dem Ofen zuströmt und ihn oben erwärmt verläßt. Ist der Mantel zu eng, so wird die Luft zu heiß und die Menge zu gering. Solche mit Mänteln versehene Öfen können auch zur Belüftung verwendet werden, indem man frische Luft von außen zuführt. Wechselklappen ermöglichen in diesem Falle, nach Belieben die Luft den Räumen oder aus dem Freien zu entnehmen. Zur Beschleunigung des Anheizens der Räume pflegt man den Zutritt von außen abzusperren. Bei Tonöfen sind wegen der milderen Wärmeabgabe Mäntel unzweckmäßig.

Abschnitt 20. Wahl des Ofens.

Bei Auswahl eines Ofens muß man die Art der Benutzung der zu beheizenden Räume berücksichtigen. In dauernd benutzten Wohnräumen zieht man Öfen vor, die milde, gleichmäßige Wärme abgeben und nicht zu häufig beschickt zu werden brauchen. Hier kommen Kachelöfen, die sich zwar langsam erwärmen, aber größere Wärmemengen aufspeichern, und eiserne Dauerbrandöfen in Frage.

Handelt es sich um Räume, die schnell erwärmt werden sollen, so gibt man eisernen Öfen mit einfacher Rostfeuerung oder den sog. Durchbrandöfen den Vorzug. Diese gestatten es, nach der Durchwärmung des Raumes, die Verbrennung leicht und sicher einzuschränken und dem augenblicklichen Wärmebedarf anzupassen.

Besonders geeignet für schnelle Erwärmung ist die Gasheizung. Bis auf wenige Ausnahmen wird dazu Leuchtgas verwandt, dessen beim Heizen nutzbar gemachter Heizwert im Mittel rd 3800 kcal/m³ beträgt. Da man mit einer Brennstoffausnutzung von 80 bis 85 v. H. rechnet, kann man vom Heizwert eines m³ Leuchtgas rd 3000 bis 3250 kcal ansetzen. Die Vorteile der Gasheizung sind ihre stete Betriebsbereitschaft, die Sauberkeit und Bequemlichkeit des Betriebes und die leichte Regelungsmöglichkeit.

Die Wirtschaftlichkeit einer Gasheizung hängt vom Gaspreis ab. Bei einem Betriebskostenvergleich mit anderen Brennstoffen müssen die obenerwähnten Vorteile gebührend berücksichtigt werden. Sie wirken sich um so mehr aus, je kürzer jeweilig die Betriebszeit ist, so daß in vielen Fällen noch Gaspreise von 10 Pfg. bei Einzelheizung und von 8 Pfg. bei Zentralheizung tragbar sind. In besonderen Fällen kann sogar bei erheblich höheren Gaspreisen noch eine Wirtschaftlichkeit nachweisbar sein (Garagen, Gewächshäuser und Räume mit sehr langen Betriebsunterbrechungen).

Die Heizung mit elektrischer Energie ist meistens

recht kostspielig. Sie wird nach Kilowatt gemessen und verkauft. 1 Kilowattstunde liefert 860 kcal. Aus dem Vergleich des Preises einer Kilowattstunde mit anderen Brennstoffen kann man sich leicht die Wirtschaftlichkeit dieser Beheizungsart berechnen.

Die Vorteile der elektrischen Heizung sind wie die der Gasheizung sofortige Betriebsbereitschaft, Sauberkeit und Bequemlichkeit und das Fehlen jeglicher Abgase, so daß in vereinzelten Sonderfällen, z. B. beim Vorliegen sehr billiger Sondertarife u. a., ihre Verwendung gerechtfertigt sein kann.

Abschnitt 21. Zentralheizung.

Die Zentralheizungen oder Sammelheizungen zerfallen in zwei Hauptgruppen. Bei der ersten, den Luftheizungen, ist in einem Luftheizungsofen (Kalorifer) erwärmte Luft, die durch Kanäle verteilt wird, der Wärmeträger. Bei der zweiten, den Dampf- und Warmwasserheizungen, sind in den Räumen Heizkörper aufgestellt, denen von der gemeinsamen Wärmequelle, dem Heizkessel, der Wärmeträger, warmes Wasser oder Dampf, durch Rohrleitungen zugeführt wird.

Häufig findet man beide Gruppen vereinigt; hier übernimmt die Wasser- oder Dampfheizung die örtliche Erwärmung, die Luftheizung die Erwärmung der zur Lüftung der Räume zuzuführenden Luft. Während also die selbständigen Luftheizungen als Wärmeerzeuger Öfen mit eigener Feuerung benutzen, geschieht die Erwärmung der Luft in Verbindung mit Warmwasser- oder Dampfheizungen durch diese Wärmeträger.

Werden Gebäudegruppen von einer Stelle aus beheizt, so nennt man diese Gesamtanlagen Fernheizungen. Sie haben sogar Ausdehnung über ganze Stadtteile erlangt. Als Wärmeträger bei der Beheizung von Gebäudegruppen wird heute durchweg Warmwasser, bei Städteheizungen Hochdruckdampf verwendet, der in den Häusern seinen Wärmeinhalt zur Heizung und Warmwasserbereitung in Austauschgeräten an Wasser abgibt.

Zur Beheizung von Wohnhäusern wird fast ausschließlich die Warmwasserheizung verwendet. Die Luftheizungen haben bis auf Ausnahmen bei der Wohnhausheizung nur noch wenig Bedeutung. Die Entwicklung der Kleinwarmwasserheizungen mit ihren den Stubenöfen ähnlichen Heizkesseln hat die Einführung von Zentralheizungen in Stockwerkshäusern beschleunigt. Jede Wohnung erhält dabei ihre eigene Heizung, so daß jeder nach seinen Wünschen heizen kann, wofür er allerdings den Nachteil, daß Brennstoff und Asche in die Wohnung kommen, in Kauf nehmen muß. Bei den Stockwerksheizungen leidet mitunter die Beheizung der Nebenräume, so daß sie nicht alle Vorteile der Zentralheizungen besitzen.

Für größere Gebäude, besonders solche mit kürzerer Tagesbenutzungsdauer, Schulen, Bürogebäude u. dgl., werden Niederdruckdampfheizungen vorgezogen. Diese verdienen aber auch, eine vollendete Ausführung vorausgesetzt, wegen ihrer hohen Wirtschaftlichkeit in Wohnhäusern volle Beachtung.

Bei Gebäuden mit sehr langen Benutzungsunterbrechungen, wie Kirchen und großen Versammlungsräumen, werden Luftheizungen, dabei in neuerer Zeit mit Gas betriebene, vorgezogen.

In Fabriken, in denen Betriebsdampf zur Verfügung steht, wird dieser zu Heizzwecken herangezogen, entweder, indem man in den Räumen Heizkörper aufstellt oder Luftheizungen damit betreibt. Man macht jedoch vielfach durch Aufstellung eigener Heizkessel die Heizung vom Betriebe unabhängig und verteilt die Wärme durch Warmwasser oder Dampf. Für kleine Betriebe ist der unmittelbar gefeuerte Luftheizungsofen sehr brauchbar. Der Entwurf einer zweckmäßigen Fabrikheizung erfordert große Sachkenntnis, da jeder Fall anders liegt und besonders auch die Wirtschaftlichkeit genau geprüft werden muß.

Zur Hochhausheizung werden in den Vereinigten Staaten Dampfheizungen benutzt. In Deutschland ist man dem nicht gefolgt, sondern verwendet vielfach sehr umständliche kombinierte Dampf-Warmwasser-Heizungen, die in Anlage und Betrieb unnötig kostspielig sind.

In der Frühzeit der Warmwasser- und Niederdruckdampfheizung stellte jeder Hersteller seine Heizkessel und Heizkörper selbst her. Es entwickelten sich die verschiedensten Ausführungsformen. Heute werden Kessel und Heizkörper meistens von besonderen Herstellerwerken als Massenware hergestellt und sind weitgehend genormt. Bis auf wenige Ausnahmen werden jetzt Gliederheizkessel und Gliederheizkörper, die aus einzelnen senkrechten Gliedern zusammengestellten „Radiatoren", benutzt. Die Herstellung aus einzelnen Gliedern ermöglicht in einfacher Weise die Zusammenstellung von Kesseln und Heizkörpern jeder Größe.

Früher glaubte man die — zum Teil recht unschönen — Heizkörper, wie Rippenrohre, Rohrschlangen, Gliederheizkörper mit überflüssigen Ornamenten, den Anblick durch Umkleidungen entziehen zu müssen, die nach heutigen Begriffen ebenso unschön, wie unzweckmäßig sind. Man findet derartige Umkleidungen noch vielfach. Diese setzen nicht nur die Leistung der Heizkörper herab, indem sie die Ausstrahlung meist gänzlich verhindern und häufig auch viel zu kleine Öffnungen für den Zu- und Abfluß der am Heizkörper erwärmten Luft aufweisen, sondern bilden wegen der mangelnden Reinigungsfähigkeit der dahinter verborgenen Heizkörper eine gefährliche Quelle ungesunder Einflüsse. Man überzeuge sich einmal selbst davon, welche allen Anforderungen der Gesundheitstechnik Hohn sprechende Schmutzwinkel fast überall hinter derartigen Verkleidungen entstehen.

Heizkörperausführungen wie Ausbildung der Fußleisten

der Wände als Heizkörper, die Verwendung gußeiserner, auf der Rückseite mit vom Heizmittel durchflossenen Rippen versehener Platten und Flächenheizkörper aus Stahlblech waren oder sind aus Übergangsformen anzusehen bzw. nur bei ganz besonderen Verhältnissen angebracht.

In den meisten Fällen wird der einfache glatte Gliederheizkörper verwendet. Die senkrechte Anordnung seiner Glieder verringert die Flächen, auf denen sich Staub ablagern kann. Man versieht ihn heute nicht mehr mit Füßen sondern hängt ihn auf Stützen (Konsolen) in genügend großem Abstand von der Wand auf. Dadurch ist es möglich, den Heizkörper und den Raum dahinter stets sauber zu halten. Es ist zulässig und zweckmäßig, in genügender Höhe über dem Heizkörper eine Platte oder Fensterbank anzubringen. Das hat den Vorteil, daß der mit der erwärmten Luft aufsteigende Staub von der Wand oder Gardine abgelenkt wird.

Ein sauber gestrichener und gehaltener Heizkörper ist durchaus in der Lage, mit einem Stubenofen in Wettbewerb zu treten. Dabei hat er auch noch den Vorteil, daß ein größerer Teil der abgegebenen Wärmemenge als strahlende Wärme in die Zimmer gelangt, die angenehm empfunden wird. Räume, in denen solche Strahlung zur Auswirkung kommt, können in der Zimmertemperatur etwas niedriger gehalten werden als andere.

Sind aus besonderen Gründen Heizkörperumkleidungen nicht zu umgehen, so muß für genügenden freien Querschnitt für den Wärmeaustritt und für leichte Reinigungsmöglichkeit (Abnehmbarkeit) gesorgt werden.

In den letzten Jahren hat auch in Deutschland die Strahlungsheizung (Deckenheizung) in steigendem Maße Verwendung gefunden. Bei dieser Heizungsart erfolgt die Erwärmung der Räume durch Wärmestrahlung der Decke, die durch eingelagerte Rohrsysteme erwärmt wird. Bei dieser „unsichtbaren" Heizung fehlt die sonst durch die erwärmten Heizkörper hervorgerufene Luftbewegung. Man kommt mit erheblich geringeren Vorlauftemperaturen als bei einer Warmwasserheizung aus und kann auch die Raumtemperaturen niedriger halten, als bei anderen Heizungsarten. Infolge der größeren Bauarbeiten bei den Anlagen werden sie meistens in der Herstellung teuerer, jedoch sind der Stahlbedarf und vor allem die laufenden Betriebskosten erheblich geringer als bei Warmwasserheizungen gleicher Größe.

Bei Aufstellung der Raumheizkörper hat man die Wahl, ob man sie an die Innenwände oder an die Außenwände unter die Fenster setzen will. Die Anlagen mit Heizkörpern an den Innenwänden werden wegen der kürzeren Rohrleitungen billiger, dagegen haben die Heizkörper unter den Fenstern den Vorteil, daß die Luft an der Stelle der größten Abkühlung erwärmt wird. Die Räume werden dadurch gleichmäßiger warm und die kühlende Wirkung der an den Fenstern herabfallenden kalten Luft wird vermieden. Allerdings hat die Aufstellung unter den Fenstern auch einige kleine Nachteile, von denen das häufig beobachtete schnellere Verschmutzen der Fenstervorhänge durch von dem aufsteigenden Warmluftstrom mitgerissene Staubteile erwähnenswert ist. In Geschäftsräumen, Schulen u. dgl. ist die Anordnung unter den Fenstern geradezu geboten, vor allem, wenn keine Doppelfenster vorhanden sind.

Abschnitt 22. Feuerluftheizung.

Der Luftheizungsofen (Kalorifer) muß unterhalb der zu erwärmenden Räume aufgestellt werden, weil die erwärmte Heizluft nur nach oben abgeführt werden kann. Er wird in einem aus Mauerwerk oder Blechwänden hergestellten Lufterwärmungsraum derart untergebracht, daß die Bedienung der Feuerung von außen erfolgen kann. Für guten Schutz dieser Heizkammer gegen Wärmeausstrahlung muß Sorge getragen werden, auch muß eine leichte Reinigung möglich sein. Deshalb werden diese Heizräume begehbar eingerichtet.

Die zu erwärmende Luft (Frischluft) strömt von unten in die Heizkammer ein, nachdem sie möglichst vorher zur Staubabgabe durch einen größeren Raum geleitet oder in geeigneter Weise gereinigt wurde. Die Entnahmestelle für die Frischluft legt man an eine geschützte und staubfreie Stelle.

In Abb. 2 ist *O* der Heizofen in dem Heizraum *K*, *A* der Frischluftkanal, in den die Luft durch die Staubkammer und das Filter *B*

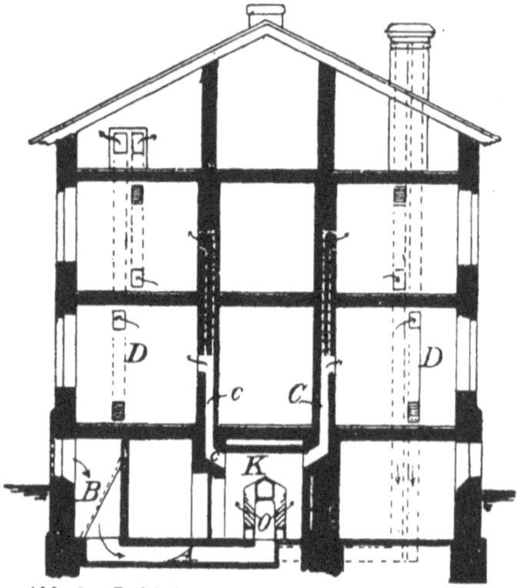

Abb. 2. Luftheizungsanlage in einem Wohnhause.

gelangt. Die erwärmte Luft zieht durch die oben im Heizraum beginnenden Warmluftkanäle *C* nach den Zimmern. Nach der Wärmeabgabe wird sie durch die Abluftkanäle *D* entfernt, die entweder im Bodenraum oder über Dach enden. Häufig werden die Abluftkanäle fortgelassen. Man bekommt dadurch aber ganz unsichere Verhältnisse in der Wärmeverteilung.

Der Wärmeverlust der Räume wird durch die einströmende warme Luft gedeckt. Diese darf, um nicht unangenehm empfunden zu werden, nicht wärmer als 40° sein. Beim Anheizen kann sie einige Grad wärmer sein. Die Temperatur der abziehenden

Luft entspricht fast der Raumtemperatur. Ist diese in der Mitte 20°, so ist sie am Fußboden, wo sie entnommen wird, etwa 18°, also entzieht man bei einer Einströmungstemperatur von 40° der Luft nur 22°, während man sie bei starker Kälte von —10 bis —20° auf +40° erwärmen muß.

Aus diesen Zahlen erkennt man leicht den bedeutendsten Vor- und Nachteil der Luftheizung. Sorgt einerseits die Luftheizung wegen der großen Luftzufuhr gut für die Reinerhaltung der Luft, so wird dieser Vorteil doch nur durch einen großen Brennstoffaufwand erzielt, da mehr als die Hälfte der im Ofen erzeugten Wärme mit der Abluft verlorengeht. Dieser große Wärmeverlust hat zur Ersparung von Brennstoff dazu geführt, die Heizungen mit Umluft auszuführen, d. h. die ausgenutzte Raumluft durch abwärts führende Kanäle nach dem Ofen zurück und neu erwärmt den Zimmern zuzuführen. Damit entfällt aber der Hauptvorteil, die gute Lüftung. Für Kirchen, in denen die Luftmenge so groß ist, daß sich ein Luftwechsel erübrigt, sind solche Umluftheizungen am Platze und üblich. In anderen Fällen benutzt man die Umluftheizung nur für die Zeit des Anheizens und schaltet auf Frischluftzuführung um, wenn der betreffende Raum aufgeheizt ist und sich Menschen darin aufhalten. Für Wohnhäuser ist die Umluftheizung grundsätzlich zu verwerfen.

Eine Anzahl schwerwiegender Nachteile, von denen nur die verhältnismäßig hohe Eintrittstemperatur der Warmluft die schlechte Regelbarkeit, die starke Beeinflussung durch Windanfall, die zu völligem Versagen in dem Winde zugelegenen Räumen führen kann, und die Unbrauchbarkeit bei Gebäuden mit größerer horizontaler Ausdehnung haben angesichts der Fortentwicklung der anderen Zentralheizungsarten dazu geführt, daß die Luftheizung fast vollständig verdrängt worden ist.

Für Sonderfälle, wie die Beheizung kleinster Siedlungs-Wochenendhäuser u. dgl. von einer Feuerstelle aus kommt die Luftheizung dagegen jedoch noch in Frage.

Auch für die Beheizung von Großräumen (Fabriken, Kirchen, Versammlungshallen, Theater) hat die Luftheizung heut noch große Bedeutung. Sie wird in vielen Fällen sogar die einzig angebrachte Beheizungsart für derartige Räume sein. Es ist dabei zu unterscheiden zwischen Räumen, bei denen lediglich eine Beheizung erreicht werden soll und Räumen, bei denen die Anlage gleichzeitig Lüftungsaufgaben zu erfüllen hat. Im ersten Falle werden mit Dampf, Wasser, Gas oder einem anderen Heizmittel betriebene Kraftluftheizungen eingebaut (s. Abschn. 23). Für die gemischten Heizungs- und Lüftungsanlagen wird auf Teil IV, Lüftung, verwiesen.

Abschnitt 23. Kraftluftheizungen.

Seit einer Reihe von Jahren werden zur Beheizung großer Räume, besonders Fabrikhallen, in steigendem Umfange mit Ventilatoren betriebene Luftheizungsanlagen verwendet. Diese von dem Amerikaner Sturtevant eingeführten Heizungsanlagen bestehen grundsätzlich (Abb. 3) aus einem

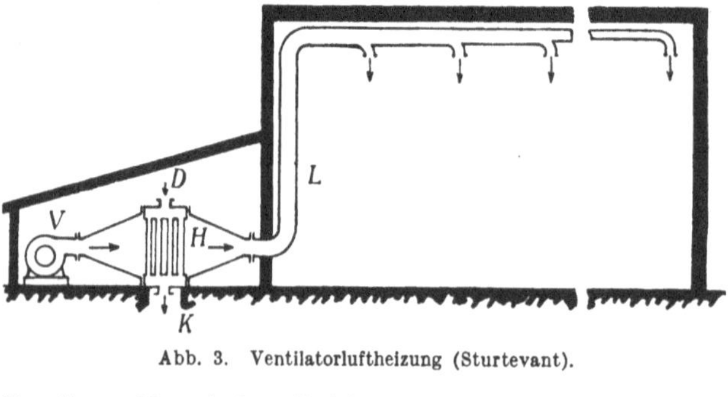

Abb. 3. Ventilatorluftheizung (Sturtevant).

Ventilator *V* und dem Heizkörper *H*, durch den die Luft streichen muß.

Bei *D* tritt das Heizmittel, Warmwasser oder Dampf,

ein und strömt bei K aus. Um einen guten Wärmeaustausch herbeizuführen, ist in der Nähe des Heizkörpers der Querschnitt stark erweitert, wodurch die Luftgeschwindigkeit herabgesetzt wird. Die erwärmte Luft wird durch das Rohr L in den Räumen verteilt. Man erzielt so eine gute Lüftung und sehr gleichmäßige Erwärmung, wobei man es in der Hand hat, einzelne Raumteile in der Wärmeverteilung vorzuziehen. Ein großer Vorteil besteht in der leichten Anpassungsfähigkeit an Bedarfsschwankungen. Der Fortfall der örtlichen Heizkörper in den beheizten Räumen und die Verlegungsmöglichkeit der Luftverteilungsrohre oben an den Wänden oder an der Decke ist ein weiterer Vorteil.

Man ist aber auch bei dieser Heizungsart nicht auf die Anwendung von Dampf oder Warmwasser als Heizmittel beschränkt, sondern kann sie auch dort, wo kein Dampf zur Verfügung steht, als Feuerluftheizung und auch als Gasheizung vorteilhaft betreiben.

Noch mehr aber haben sich die auf dem gleichen Grundgedanken beruhenden Heizungsanlagen mit Lufterhitzern eingeführt.

Der grundsätzliche Aufbau dieser sehr verschieden durchgebildeten Lufterhitzer ist in Abb. 4 dargestellt. Die erforderliche Saugkraft wird durch einen elektrisch betriebenen Ventilator (V) erzeugt. Der Heizkörper entspricht den oben beschriebenen. Die einzelnen Lufterhitzer werden an den Wänden aufgehängt und können so ausgebildet werden, daß sie entweder frische Luft (L) oder Raumluft (L_1) zuführen.

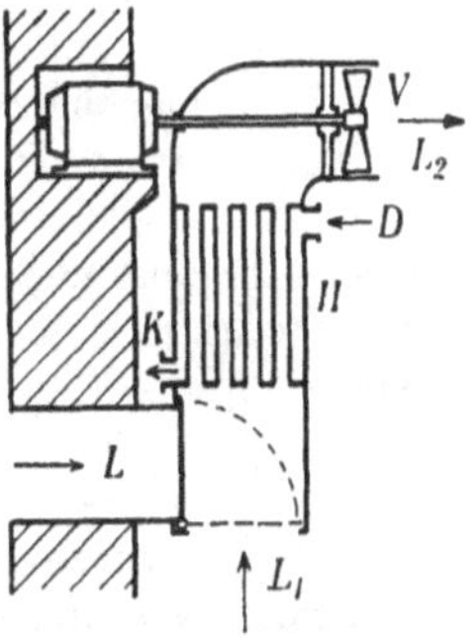

Abb. 4. Lufterhitzer.

Als Heizmittel werden wieder Dampf- oder Warmwasser, in manchen Fällen auch Gas benutzt.

Die Vorteile dieser Beheizungsart, die man heute allgemein als Großraumheizung bezeichnet, sind die gleichen wie die der vorbeschriebenen Heizung, nur tritt die Verteilungsleitung für das Heizmittel an Stelle der für die erwärmte Luft.

Bei der Verwendung von Einzellufterhitzern hat es sich als zweckmäßig erwiesen, stets zu einem Teil mit Frischluft zu arbeiten. Es entsteht dann in dem Raum ein gewisser Überdruck mit warmer Luft, der zu einer guten Verteilung auf den ganzen Raum führt und gleichzeitig das Eindringen von Kaltluft durch Undichtigkeiten, Türen usw. verhindert.

In allerneuester Zeit werden in den USA Einzellufterhitzer in Kleinausführung mit Gas- oder Ölheizung zur Beheizung von Wohnräumen gebaut. Besonderer Wert wird dabei auf geräuscharmen Betrieb des Kraftlüfters und gefällige Bauart gelegt.

Die Berechnung einer solchen Anlage wird dadurch sehr einfach, daß die Hersteller der Lufterhitzer die stündliche Wärmeabgabe, Stromverbrauch u. a. m. angeben und man daher lediglich den Gesamtwärmebedarf des zu beheizenden Raumes durch die Zahl der aufzustellenden Lufterhitzer teilen muß, um die Anlage richtig ausgestalten zu können.

Abschnitt 24. Warmwasserheizung.

Die Warmwasserheizung arbeitet, wie der Name besagt, mit erwärmtem Wasser als Heizmittel. Abb. 5 zeigt ihren grundsätzlichen Aufbau. *K* ist der Heizkessel, *H* ein Heizkörper, beide sind durch die Rohre *S* und *R* verbunden. Wird das Wasser im Kessel erwärmt, so steigt es durch den Vorlauf *S* in die Höhe, gelangt zu dem Heizkörper *H*, kühlt sich dort ab und fließt durch den Rücklauf R in den Kessel zurück. Die diesen Umlauf bewirkende treibende Kraft entsteht durch den Gewichtsunterschied zwischen dem erwärmten und dem kälteren Wasser. Da sich das Wasser bei der Erwärmung ausdehnt, muß man, um unzulässige Drucksteigerungen in der Anlage zu vermeiden, eine Ausgleichsmöglichkeit durch ein offenes Ausdehnungsgefäß A am höchsten Punkt der Anlage schaffen. Der Druck in der Anlage kann dann nicht höher werden, als er sich aus dem Höhenunterschied zwischen dem Heizkessel und diesem Ausdehnungsgefäß ergibt.

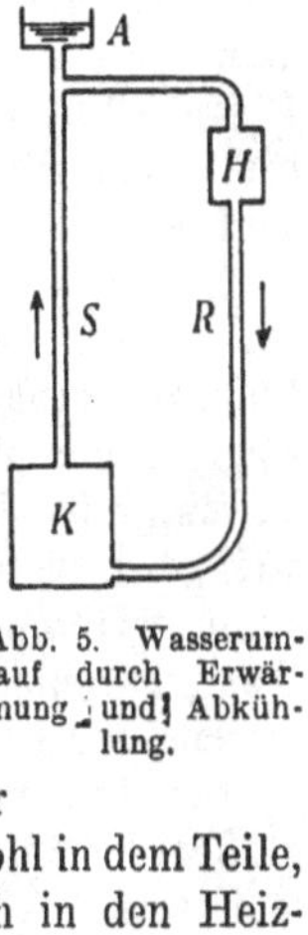

Abb. 5. Wasserumlauf durch Erwärmung und Abkühlung.

Diese Ausführungsart wurde früher „Niederdruck- Warmwasserheizung" genannt, da man außerdem auch Mitteldruckheizungen mit geschlossenem Ausdehnungsgefäß ausführte oder auch sog. Heißwasser- oder Hochdruckheizungen, die durchweg, d. h. sowohl in dem Teile, in dem die Wärme erzeugt wurde, als auch in den Heizkörpern aus Schlangen eines starkwandigen Rohres (Perkinsrohr) bestanden, das als Rohr ohne Ende und ohne Ausdehnungsgefäß den entstehenden Druck auszuhalten vermochte. Beide Heizungsarten werden heute nicht mehr verwendet. Neben vielen anderen Nachteilen sind es vor allem die hoch erwärmten Heizkörper, da die Temperatur bei den Heißwasserheizungen bis 180° und bei den Mitteldruckheizungen bis 120° stieg, die man heute verwirft. Die Regelbarkeit derartiger Anlagen war sehr schlecht, und die auftretenden Drücke konnten Gefahren bringen.

In den heutigen Warmwasserheizungen soll die Temperatur des Heizwassers selbst bei stärkster Kälte nicht höher als rd. 90° sein. Diese Temperatur kommt nur für wenige Tage oder gar Stunden des Jahres in Betracht, während durchweg mit wesentlich geringeren Temperaturen gearbeitet wird.

Erreicht die Temperatur einmal 100°, so kocht die Anlage über, d. h. es entwickelt sich im Vorlaufrohr Dampf, der dann aber durch das Ausdehnungsgefäß entweichen kann. Dieses Überkochen muß jedoch verhütet werden, was auch bei ordnungsgemäßem Betrieb, gegebenenfalls durch einen Verbrennungsregler am Heizkessel, leicht erreicht wird.

Das in der Heizungsanlage befindliche Wasser läuft stetig um, braucht also, abgesehen von etwaigen Neufüllungen nach Ausbesserungen und einem Verlust bei dem eben erwähnten Überkochen, nicht erneuert zu werden. Das ist ein großer Vorteil, weil dadurch die Bildung von Kesselstein, der die Leistung des Kessels verschlechtert und ihn sogar gefährden kann, fast gänzlich vermieden wird. Ein Wasserhöhenmesser neben dem Heizkessel zeigt an, ob in dem Ausdehnungsgefäß genügend Wasser vorhanden ist.

Der Wasserumlauf in der Anlage wird um so lebhafter, je größer der Temperaturunterschied zwischen Vor- und Rücklauf ist und je höher die Heizkörper über dem Kessel stehen. Durch den Widerstand in der Rohrleitung wird die Umlaufenergie erheblich vermindert. Daraus geht hervor, daß es für Warmwasserheizungen am günstigsten ist, wenn die Heizkörper möglichst hoch über dem Kessel stehen und die waagerechte Ausdehnung der Rohrleitung, die nur Reibungswiderstand schafft, gering ist.

Wo die örtlichen Verhältnisse die Verwendung dieser sog. Schwerkraftheizung begrenzen, kann man durch besondere Ausführungen — Schnellumlauf-, Pumpenheizung — den Umlauf verstärken und die Verwendbarkeit der Warmwasserheizung dadurch beliebig ausdehnen.

Andererseits kommt häufig der Fall vor, daß Heizkessel und Heizkörper auf gleicher Höhe stehen, und zwar bei den Stockwerksheizungen. Natürlich steigt auch bei diesen das erwärmte Wasser im Vorlauf — Steigrohr — hoch und verteilt sich in den Verteilungsleitungen nach den Heizkörpern. In ihnen kühlt es sich aber schon ab und daraus entsteht die treibende Kraft, die den Umlauf einleitet, der sich dann durch die in den Heizkörpern eintretende verstärkte Abkühlung vergrößert. Da die dabei entstehende gesamte Arbeitskraft aber immer kleiner ist, als bei einem Höhenunterschied zwischen Kessel und Heizkörper und der Widerstand in der Rohrleitung diese Arbeitskraft schneller aufzehrt, so ist man bei diesen Anlagen bestrebt, die Rohrleitungen möglichst kurz zu halten, die Heizkörper in den einzelnen Räumen tunlichst dicht nebeneinander und nahe dem Kessel zu stellen.

Derartige, mit den Kesseln und Heizkörpern eines bestimmten Lieferwerks[1]) hergestellte Heizungen werden häufig Naragheizungen genannt. Da man vielfach der Ansicht begegnet, daß es sich bei diesen um eine besondere Heizungsart handele, sei hier vermerkt, daß sie sich grundsätzlich nicht von anderen Warmwasserstockwerksheizungen unterscheiden.

Abschnitt 25. Die Strahlungsheizung.

Bei der Strahlungsheizung oder Deckenheizung, die in den letzten Jahren zunehmend verwendet wird, erfolgt die Erwärmung der Räume durch Wärmestrahlung von der Raumdecke aus.

In der Decke des Raumes werden bei der Strahlungsheizung (Abb. 6) Rohrschlangen verlegt, die von warmem Wasser durchflossen werden. Die Beheizung des Raumes erfolgt nicht wie bei den üblichen Heizungen mit Raumheizkörpern durch Erwärmung der an diesen vorbeistreichenden Luft, die ihrerseits die Umschließungen und das Inventar des Raumes erwärmt und darüber hinaus die Wärmeverluste des Raumes deckt, sondern durch von der Decke ausgehende Wärmestrahlen. Diese werden erst dann in fühlbare Wärme umge-

[1]) Nationale Radiator Gesellschaft.

setzt, wenn sie auf einen Körper stoßen. Sie erwärmen in erster Linie den Fußboden, die Seitenwände und das Inventar, sowie etwaige Rauminsassen und ersetzen auch die nach außen abwandernde Wärme. Die Raumluft nimmt ebenfalls die Temperatur der Umfassungswände an. Daraus ergibt sich, daß die Temperatur an allen Stellen des Raumes ziemlich gleichmäßig ist. Lediglich die Fußböden sind infolge der Wärmeeinstrahlung etwas wärmer als die Raumluft. Das Wohlbefinden der Rauminsassen ist vor allem hierauf, dann aber auch darauf zurückzuführen, daß infolge warmer Umfassungswände keine große Wärmeabstrahlung des menschlichen Körpers stattfindet.

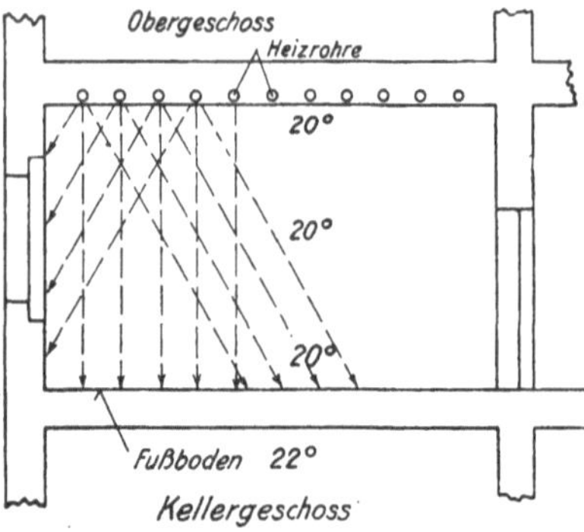

Abb. 6. Strahlungsheizung.

Infolge ihrer Eigenart kommt die Strahlungsheizung mit wesentlich geringeren Höchstwassertemperaturen aus, als die Warmwasser-Heizkörper-Heizung. Selbst bei strenger Kälte werden eine Zulauftemperatur von 55° C und eine Rücklauftemperatur von 45° C, entsprechend einer mittleren Temperatur von 50° C nicht überschritten. Bei der WW-Heizung sind Temperaturen bis zu 80 und 90° C erforderlich. Damit wird die bei Temperaturen über 60—70° C eintretende Staubverschwelung, die das bekannte Trockenheitsgefühl in den Atmungsorganen hervorruft, vermieden. Infolge des Fehlens der Heizkörper findet keine Luftdurchwirbelung in den Räumen und damit keine so starke Verstaubung und Verschmutzung von Gardinen und Inventar statt.

Der Brennstoffverbrauch einer Strahlungsheizung ist infolge der geringeren Heizwassertemperaturen nicht so groß, wie für eine Warmwasser- oder Dampfheizung gleicher Leistung. Auch ist der Eisenverbrauch geringer als bei Heizungen mit Heizkörpern. Setzt man den Eisenverbrauch der Wärme abgebenden Teile der Strahlungsheizung = 100, so ist dieser bei Stahlheizkörpern 130 und bei Gußheizkörpern 246. Dabei wird angenommen, daß der Werkstoffaufwand für die Heizkessel und die Zu- und Rücklaufleitungen gleich groß ist.

Die Verlegung der Rohrleitungen erfolgt unter Putz an der Decke. Es besteht aber auch die Möglichkeit, die Leitungen unmittelbar in den Deckenbeton einzubetten, und sogar, wie dies bei größeren Bürogebäuden bereits erfolgreich ausgeführt ist, die Rohrleitungen gleichzeitig als Eisenarmierung der Eisenbetondecken auszubilden.

Die Berechnung derartiger Anlagen muß besonders sorgfältig erfolgen, da es nach Fertigstellung der Anlage nicht mehr möglich ist, irgendwelche Fehler zu korrigieren. Bei Heizkörperheizungen kann man sich durch Vergrößerung oder Verkleinerung der aufgestellten Heizkörper bis zu einem gewissen Grade helfen. Die Berechnung der Deckenheizungen erfordert daher eingehendes Studium des Fachschrifttums und große Erfahrungen. Wegen Einzelheiten muß auf das Schrifttum verwiesen werden.

Abschnitt 26. Ausführung der Warmwasserheizungen.

Je nach Anordnung der Rohrleitung unterscheidet man zwischen Heizungen mit oberer und solchen mit unterer Verteilung. Abb. 7 zeigt die erste Bauart. *K* ist der Heizkessel; durch die Vorlauf- oder Steigeleitung *S* steigt das Wasser zum Ausdehnungsgefäß *A*, unter diesem zweigen die Verteilungsleitungen V ab, die zu den Heizkörpern H führen. Die Heizkörper geben Wärme ab und das dadurch abgekühlte Wasser fließt durch die Rückleitung R dem Kessel wieder zu. Etwa durch Nachfüllung frischen Wassers in die Heizung gelangte Luftmengen entfernen sich selbsttätig durch die nach dem Ausdehnungsgefäß ansteigend gelegten Leitungen und von da ins Freie.

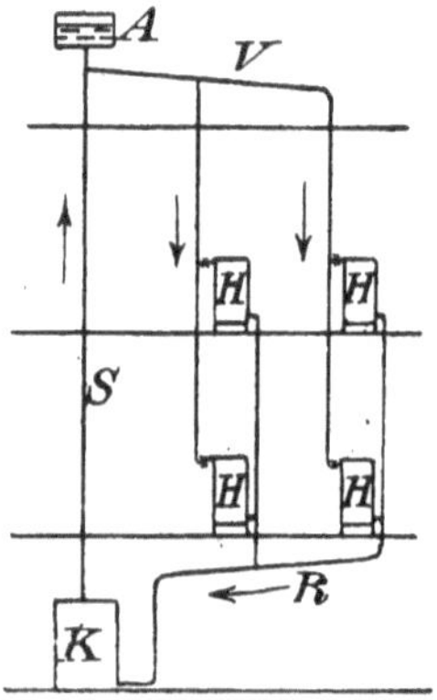

Abb. 7. Warmwasserheizung mit oberer Verteilung.

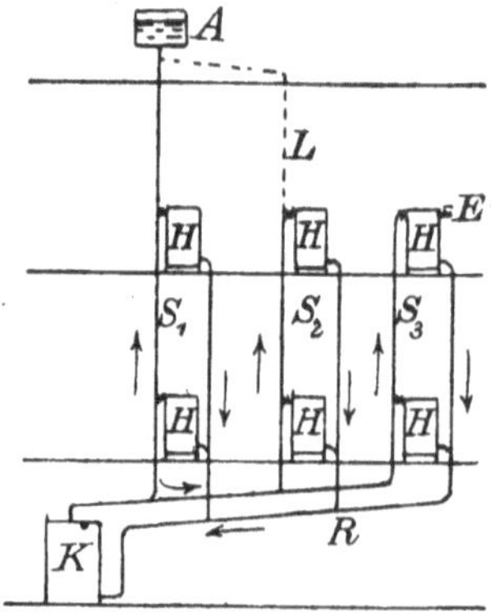

Abb. 8. Warmwasserheizung mit unterer Verteilung.

Abb. 8 zeigt die Ausführung mit unterer Verteilung. Vom Kessel K verteilt sich der Vorlauf in die Steigleitungen $S_1 S_2 S_3$, am oberen Ende des Steigrohres S_1 befindet sich das Ausdehnungsgefäß. Damit sich im zweiten und dritten Steigrohr S_2 und S_3 an den höchsten Stellen keine den Umlauf störenden Luftansammlungen bilden können, bringt man entweder das Entlüftungsrohr L, das zu dem Ausdehnungsgefäß führt, an oder es müssen, wie bei E, an dem obersten Heizkörper Luftventile angebracht werden.

Die Entscheidung über die Wahl der einen oder anderen Bauart richtet sich nach den örtlichen Verhältnissen. Anlagen mit unterer Verteilung werden billiger als mit oberer. Sie werden bei kleineren und mittleren Anlagen vorgezogen, während bei ausgedehnten Anlagen und vor allem solchen, bei denen der Höhenunterschied zwischen Kessel und Heizkörper nur gering ist, die obere Verteilung bevorzugt wird, weil die Wasserbewegung schneller und kräftiger ist.

Eine Abart der Anlagen mit oberer Verteilung ist die Einrohrheizung (Abb. 9). In den Fallsträngen sind Vor- und Rücklauf in einem Rohr vereinigt. Die Rohrleitung wird also sehr vereinfacht. Die Heizkörper entnehmen diesen Strängen einen Teil des warmen Wassers und geben es unterhalb wieder an diese ab. Dadurch erhalten die oberen Heizkörper wärmeres Wasser als die unteren; diese müssen daher größer werden als die oberen. Die Einrohrheizung wird bei vielgeschossigen Häusern und bei Pumpenheizungen vielfach vorgezogen.

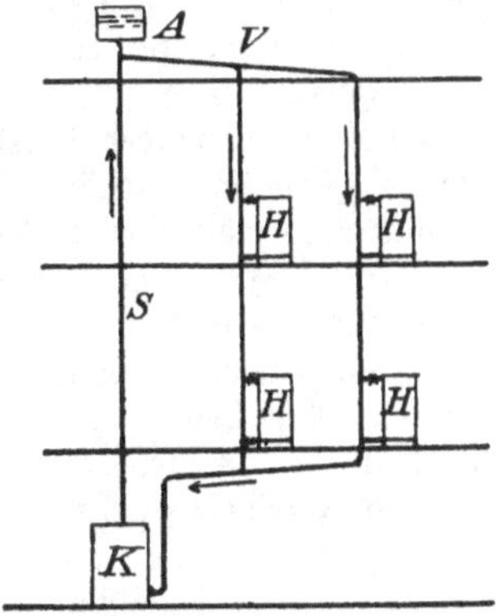

Abb. 9. Einrohrwarmwasserheizung.

Bei den beiden vorbeschriebenen Rohranordnungen werden die Heizkörper übrigens auch dann größer, wenn man mit einer hohen Abkühlung in ihnen rechnet, da die Oberfläche durchschnittlich kälter und dadurch die Wärmeabgabe geringer wird. Dagegen wird die Wassermenge, die umlaufen muß, geringer und die Rohrleitung kann enger werden. Handelt es sich also um Anlagen mit ausgedehnter Rohrleitung, so führt das Verfahren stärkerer Abkühlung in den Heizkörpern zu billigeren Anlagen, während bei kürzeren

Rohrleitungen deren größere Weite und höherer Preis den Vorteil der kleineren Heizkörper mit geringerer Abkühlung nicht aufzuheben vermag.

Damit bei den Warmwasserheizungen alle Heizkörper gleichmäßig warm werden, müssen die Rohrleitungen richtig bemessen werden. Ist das nicht der Fall, so kann es vorkommen, daß einzelne Heizkörper, denen das warme Wasser zunächst zuströmt, sehr heiß werden und andere kalt bleiben, wie auch ganze Stränge am Umlauf nicht teilnehmen. Das darf bei einer gut berechneten Heizung nicht vorkommen. Um indessen kleine unvermeidliche Ungleichmäßigkeiten in der Erwärmung der Heizkörper abzustellen, verwendet man an diesen im Durchfluß einstellbare Hähne oder Ventile. Besonders sorgfältig muß die Bemessung der Rohrleitung beim Einrohrsystem geschehen.

Die Heizkessel sollen eine gute Wärmeausnutzung haben und leicht zu bedienen sein. Da das warme Wasser zum Kessel zurückkehrt, so sind neben der Ausstrahlung, die man bei freistehenden Kesseln durch Wärmeschutzmasse zu verringern pflegt, die einzigen Wärmeverluste die, die durch die bessere oder schlechtere Verbrennung entstehen. Ist diese daher gut, so kann man mit billigen Betrieb der Heizung rechnen. Um Unglücksfälle zu verhüten, sind über die Weite der Rohrleitung zum Ausdehnungsgefäß und für Anlagen mit zwei oder mehr absperrbaren Heizkesseln gesetzliche Sicherheitsvorschriften erschienen (s. Bd. 2).

Die Regelung der Wärmeabgabe der Warmwasserheizungen erfolgt durch die Ventile an den Heizkörpern oder durch Änderung der Umlauftemperatur des Wassers für die ganze Anlage. Diese letztere geschieht durch Verstärken oder Abschwächen der Feuerung. Diese sog. generelle oder Allgemeinregelung ist eine der besten Eigenschaften der Warmwasserheizung.

Durch Anbringung eines Verbrennungsreglers, der die

Luftzufuhr zur Feuerung, entsprechend der jeweiligen Wassertemperatur einstellt, kann die Leistung der Heizung bei sparsamstem Brennstoffverbrauch noch verbessert werden. Man wird allerdings bei dem wechselnden Wärmebedürfnis der einzelnen Räume neben der allgemeinen die Einzelregelung der Heizkörper nie ganz entbehren können.

Für die selbsttätige Regelung der Zimmertemperatur durch Veränderung der Wärmeabgabe der Heizkörper hat man besondere Geräte entwickelt. Zu umfangreicherer Einführung sind sie wegen des Preises und einer gewissen Unsicherheit jedoch bisher nicht gelangt.

Die höchste Wärme für die Heizkörper kann, wie bereits erwähnt, rd. 90° betragen; man übersteigt dabei aber die Temperatur, bei der Staubverschwelung eintritt (s. S. 45). Um jedem Einwand zu begegnen, müßte man daher die Heizungen eigentlich so ausbilden, daß die höchste Temperatur in den Heizkörpern 70° nicht übersteigt. Da solche Anlagen aber einerseits teuer sind und andererseits nur an wenigen kalten Tagen die Höchstleistung der Heizung gebraucht wird, außerdem die heute gebräuchliche freie Aufstellung der Heizkörper eine leichte Sauberhaltung gestattet, nimmt man auf die Einhaltung dieser Grenze keine Rücksicht.

Der Gedanke, Heizkessel und Kochherd bei kleinen Anlagen zu vereinigen, hat etwas Verlockendes, man muß aber dabei bedenken, daß nicht allein der Wärmebedarf für die Heizung von dem für Kochzwecke stark abweicht, sondern daß beide auch zeitlich nicht zueinander passen. Das Zusammenlegen zu einer Feuerstelle für Heiz- und Kochzwecke verbietet sich daher von selbst, doch werden Kochherd und Heizkessel vielfach zu einem Ganzen vereinigt. Die Möglichkeit, die Feuergase des Heizkessels für Kochzwecke oder zur Warmwassererzeugung zu benutzen, bleibt dabei bestehen.

Neuerdings hat man für kleinere Wohnungen, besonders in Stockwerksgebäuden, Heizkessel gebaut, die äußerlich eisernen Stubenöfen gleichen, und die auch in einem Raume der Wohnung, meistens der Diele oder Küche Aufstellung finden. Damit entfällt zwar der Vorteil, daß Brennstoff und Asche nicht in die Wohnung gelangen, aber man erhält für jede Wohnung eine selbständige Heizung und ist unabhängig in der Benutzung.

Es liegt in der Natur der Warmwasserheizung, daß die Erwärmung der Heizkörper erst langsam eintritt. Das wirkt sich besonders bei großen Anlagen ungünstig aus. Andererseits erkalten auch die Anlagen nach Abstellung langsam. Für manche Zwecke, z. B. bei Bürogebäuden und Schulen und noch mehr bei langen Betriebsunterbrechungen, wie sie bei Sälen und Kirchen vorkommen, bedeutet dieses langsame Warmwerden und Erkalten einen Verlust. Für Wohnhäuser, Krankenhäuser ist das ein Vorteil, da bei der üblichen Einschränkung oder Unterbrechung der Heizung zur Nachtzeit eine zu starke Auskühlung der Räume vermieden wird.

Bei der Ausführung ist dafür zu sorgen, daß die Teile, die starker Kälte ausgesetzt werden, vor dem Einfrieren geschützt werden. Das sind vor allem die Rohrleitungen und das Ausdehnungsgefäß im Dachgeschoß. Bei längeren Betriebsunterbrechungen muß die Anlage entleert werden. An sehr kalten Tagen müssen unbenutzte Zimmer schwach mit geheizt werden.

Der Preis der Warmwasserheizung ist durchschnittlich höher als der der Luftheizungen und der Niederdruck-Dampfheizungen. Nur bei Anlagen für kleine Häuser kann man zu günstigeren Preisen kommen.

Abschnitt 27. Planung einer Warmwasserheizung.

Beim Entwurf einer Warmwasserheizung muß man sich zunächst darüber schlüssig werden, ob obere oder untere

Verteilung in der Rohrleitung oder das Einrohrsystem gewählt werden soll. Hierfür sind die örtlichen Verhältnisse maßgebend. Die erste Arbeit ist sodann die Ermittlung des Wärmebedarfs, (s. Abschn. 4) für die einzelnen Räume und daraus für das ganze Haus. Je nachdem die Heizung unterbrochen oder stetig arbeiten soll, sind die notwendigen Zuschläge zu machen (s. Abschn. 5).

Aus dem Wärmebedarf berechnet man die Größe der Heizkörper, nachdem man die zu verwendende Art ausgesucht hat. Bei der Bestimmung der Kesselgröße macht man für den Wärmebedarf des Hauses einen Zuschlag, und zwar schlägt man auf den Gesamtbedarf zu:

5 v. H., wenn die Steigrohre an den Innenwänden, Verteilungsrohre in warmen Kellern und gut umhüllt liegen;

10 v. H., wenn die Steigrohre in Außenwänden, Verteilungsleitungen in kalten Kellern liegen,

20 v. H. bei besonders ungünstig liegender weit verzweigter Rohrleitung, Verteilungsrohre in kaltem Untergeschoß.

Dabei ist Voraussetzung, daß die nicht in beheizten Räumen liegenden Rohre gut mit Wärmeschutzmasse umhüllt werden.

Bei der Wahl des Aufstellungsplatzes für Kessel und Heizkörper hat man, wenn man sich auch nach den Wünschen des Bauherrn zu richten hat, darauf zu achten, daß die Rohrführung kurz und einfach wird. Der Kessel soll möglichst nahe der Mitte unter den zu beheizenden Räumen aufgestellt werden, damit die Verteilungsleitungen nicht zu lang werden; doch muß der Heizraum auch so gelegen sein, daß er ins Freie führende Fenster hat. Ferner müssen die Heizkörper in den Stockwerken möglichst übereinander gestellt werden, um die Zahl der Steigstränge gering zu halten. Je kürzer die Rohrleitung, desto billiger und besser wird die Heizung. Die Berechnung der Rohrleitung ist in dem nachfolgenden Abschnitt beschrieben. Hat man auch diese festgelegt, so ist es zweckmäßig, neben den eigentlichen Heizungsplänen eine

g. Strangzeichnung anzufertigen, in der Kessel, Hei rper und Rohrleitung in eine Ebene gelegt sind.

Eine sehr sorgfältige Planung der Rohrleitung ist für die gu sführung der Anlagen unbedingt erforderlich, damit später kei derungen nötig werden. Vor Beginn des Baues muß man A

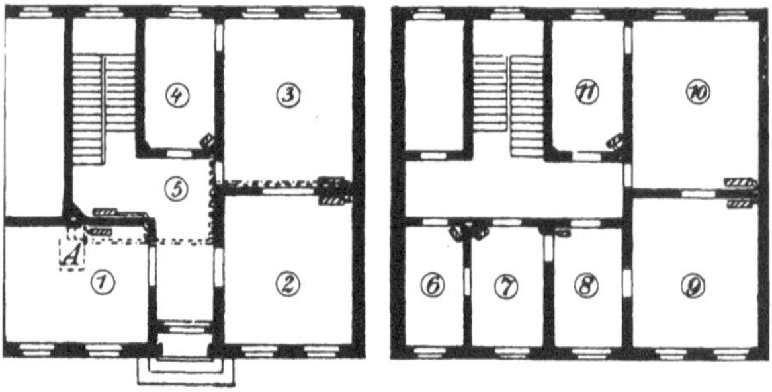

Abb. 10. Plan einer Warmwasserheizungsanlage.

ben darüber machen können, damit die zur Verlegung der Roh den Wänden nötigen Schlitze von vornherein berücksichti rden. Es ist auch notwendig, zu untersuchen, ob sich nicht ande itungen, z. B. die für Warmwasserbereitung, mit den Heizrohre den Schlitzen vereinigen lassen und ob nicht eine ungewoll einflussung anderer Leitungen, z. B. der für Kaltwasser, dur

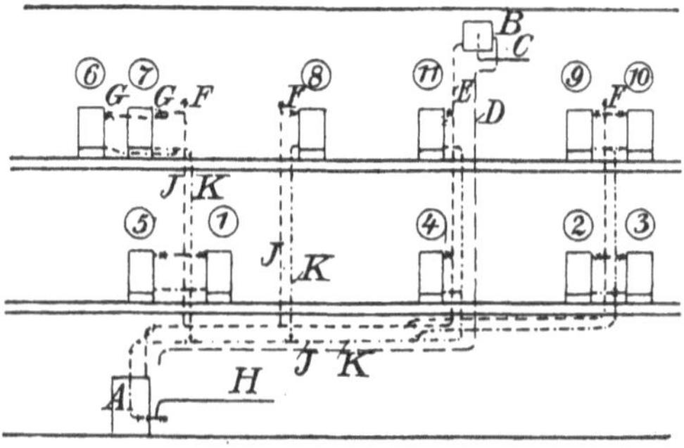

Abb. 11. Strangzeichnung über obigen Heizungsplan (untere Verteilung).

die Heizrohre stattfindet. Durch einheitliche und planvolle Verlegung der gesamten Rohrleitungen kann viel Geld und spätere Mühe gespart werden.

Zum besseren Verständnis dieser Ausführung sind in Abb. 10 u. 11 ein Heizungsplan und eine Strangzeichnung einer kleinen Warmwasserheizung beigefügt.

Abschnitt 28. Berechnung der Rohrleitungen von Warmwasserheizungen.

Aus den aufgestellten Plänen wird für jeden Heizkörper die Länge der zugehörigen Rohrleitung entnommen. Sie ist von Einfluß auf die Weite der Leitung. In den ersten Jahren des Zentralheizungsbaues wurde diese allgemein nach Faustregeln bestimmt. Jeder Ingenieur hatte womöglich seine auf eigener Erfahrung beruhende Berechnungsart. Allmählich bildeten sich auf Grund theoretischer Erwägungen verschiedene Verfahren aus.

Hermann Fischer stellte dann die erste, alle physikalischen Vorgänge berücksichtigende Berechnungsart auf, die sich auf folgenden allgemein gültigen Satz gründete:

> „Der durch die Verschiedenheit der spezifischen Gewichte des im Kessel erwärmten und in den Heizkörpern wieder abgekühlten Wassers entstehende Auftrieb oder Arbeitsdruck muß gleich oder größer sein als die Summe aller den Wasserumlauf hemmenden Widerstände."

Die auf diesem Satz aufgebaute Fischersche Formel verlangte eine sehr umständliche Rechnung. Rietschel vereinfachte diese, daß sie praktisch brauchbar wurde. Da sie zugleich mit umfangreichen Zahlentafeln erschien, führte sie sich bald allgemein ein und wurde daher für die Berechnung der Warmwasserheizungen maßgebend.

Die folgenden vereinfachten Rechnungsgrundlagen sind dem Rietschelschen Werke „Heiz- und Lüftungstechnik" entnommen. Hat im Vorlauf das Wasser das Raumgewicht γ_1 und im Rücklauf γ_2, beides ausgedrückt in kg/m³, ist h die Höhe der gegeneinander wirkenden Flüssigkeiten (s. Abb. 5), so ist der wirksame Druck (Arbeitsdruck/Auftrieb)

$$H = h\,(\gamma_2 - \gamma_1) \text{ in kg/m}^2 \text{ [mm WS]} \qquad (20)$$

Dieser Druck muß gleich oder größer sein als die in der betreffenden Anlage entstehenden Widerstände

$$H \geqq \Sigma(lR + Z). \qquad (21)$$

In dieser Formel ist

R der Reibungswiderstand von 1 m Rohr in kg/m² (mm WS von 4⁰),
l die Rohrlänge in m,
Z die Summe aller Einzelwiderstände ζ in kg/m² (mm WS von 4⁰).

Der Rohrreibungswiderstand ist abhängig von der Durchflußgeschwindigkeit und dem Innendurchmesser der Rohre. Er ist durch sorgfältige Versuche ermittelt und rechnerisch behandelt. Die Ergebnisse sind in nachfolgender Zahlentafel 12 verwertet. Die angegebenen Werte beziehen sich auf schmiedeeiserne Rohre. Für die im Innern glatteren Kupferrohre sind die Widerstände geringer.

Die Einzelwiderstände ζ sind ebenfalls durch Versuche festgestellt. Die folgende Übersicht enthält in der Versuchsanstalt der TH Charlottenburg ermittelte Werte für alle in einer Leitung vorkommenden Einzelheiten.

Zahlentafel 11.

Einzelwiderstände.

Heizkessel			$\zeta = 2{,}5$
Heizkörper: Schwerradiatoren			$\zeta = 2{,}0$
,, Leicht ,,			$\zeta = 3{,}0$
Für Rohre	$^3/_8$ u. $^1/_2''$;	$^3/_4$ u. $1''$;	$1^1/_4$ u. größere
Kniee $\zeta =$	2,0	1,5	1,0
90° Bögen $\zeta =$	1,5	1,0	0,5
Doppelbögen jeder Rohrweite: eng			$\zeta = 2{,}0$
,, ,, ,, weit			$\zeta = 1{,}0$

F-Stücke jede Rohrweite: in der Durchgangsrichtung				$\zeta = 1{,}0$
„ „ „ in der Abzweigrichtung				$\zeta = 1{,}5$
Hosenstücke				$\zeta = 1{,}5$
Ausbiegebögen „ „				$\zeta = 0{,}5$
Strangabsperrungen	$^3/_8$ u. $^1/_2$″	$^3/_4$ u. 1″	$1^1/_4$ u. $1^1/_2$″	2″ u. größere
Absperrschieber	$\zeta = 1{,}0$	0,5	0,3	0,3
Absperrventile	$\zeta = 16{,}0$	12,0	9,0	7,0
Schrägsitzventile	$\zeta = 3{,}0$	3,0	2,5	2,0

Heizkörperregelungen [1])	$^3/_8$ u. $^1/_2$″	$^3/_4$ u. größere
Durchgangshähne	$\zeta = 1{,}5$	1,0
Eckhähne	$\zeta = 4{,}0$	2,0
Durchgangsventile	$\zeta = 8{,}5$	6,0
Eckventile	$\zeta = 4{,}0$	2,0
Eckventile mit Krümmer	$\zeta = 6{,}0$	3,0

Da es bei einem Entwurf nicht möglich ist, alle entstehenden Einzelwiderstände festzustellen, so wird im „Rietschel“ für Schwerkraft-Warmwasserheizungen empfohlen, bei der Berechnung der Rohrweiten von dem wirksamen Arbeitsdruck zunächst die Hälfte für die Einzelwiderstände abzuziehen, so daß die andere Hälfte für die Überwindung der Rohrreibung übrigbleibt.

Nun ist noch die für den stetigen Umlauf des Heizwassers erforderliche Geschwindigkeit festzustellen, die vom Durchmesser der Rohre und dem Temperaturunterschied zwischen Vor- und Rücklauf abhängt. „Rietschel“ gibt für Niederdruck-Warmwasserheizungen bei einer mittleren Wassertemperatur von 70° den Wert,

$$v = \frac{W}{2{,}7537\, d^2\, (t' - t'')} \text{ [m/sec]} \qquad \text{(21a}$$

Hierin ist:

W die jeweils zu fördernde Wärmemenge,
d der lichte Durchmesser der Rohre in mm,
t' die Temperatur des in die Heizkörper eintretenden Wassers,
t'' die Temperatur des aus den Heizkörpern austretenden Wassers.

---

[1]) Die älteren Heizkörperregelungen hatten wesentlich höhere Widerstände. Bei der Auswahl muß man sich angeben lassen, ob die Regelungen den obigen Angaben entsprechen.

Die Rietschelsche Berechnungsart war auch noch umständlich und zeitraubend, selbst bei Benutzung seiner umfangreichen Hilfstafeln. Deshalb setzten schon vor längeren Jahren Bestrebungen ein, die Rechenarbeit zu vereinfachen.

Max Haller gebührt das Verdienst, durch Zerlegung der gesamten Rohrleitungen einer Warmwasserheizung in einzelne Teilstrecken, diese Arbeit sehr erleichtert zu haben. Eine Teilstrecke ist dasjenige Stück der Rohrleitung, in dem sich die zu fördernde Wassermenge nicht ändert. Für jede dieser Teilstrecken wird der anteilige Druckabfall als Teil des gesamten verfügbaren Arbeitsdrucks festgestellt. Diese neue Berechnungsart wurde durch Zahlentafeln, in denen der einfacheren Handhabung wegen nicht die Wassermenge, sondern die dieser bei verschiedenen Temperaturunterschieden zwischen Vor- und Rücklauf entsprechende Wärmeleistung angegeben war, unterstützt. Das Hallersche Verfahren ging in die Recknagelschen Hilfstafeln über und findet sich heute auch in weiter ausgebauter Form und unter Berücksichtigung der neuesten Forschungsergebnisse in Rietschels „Heizungs- und Lüftungstechnik".

Im Rahmen dieser Arbeit kann hier nur der Gedankengang dieser Berechnungsweise an Hand eines einfaches Beispiels erläutert werden. Auf Einzelheiten, die durch die Ausführung als Einrohrheizungen, bei größeren Anlagen, bei denen infolge der großen Ausdehnung durch die Temperaturänderungen in den Rohrleitungen sowie bei Stockwerks- und Gewächshausheizungen entstehen, kann hier nicht eingegangen werden.

Als gebräuchliche Temperaturunterschiede zwischen Vor- und Rücklauf pflegt man meistens 20°, seltener 25 oder 30° anzunehmen. Bei geringerem Temperaturunterschied werden die Heizkörper kleiner, weil ihre mittlere Temperatur höher liegt. Dagegen wird die Rohrleitung weiter, also teurer, weil die umlaufende Wassermenge größer wird. Daraus kann man den Temperaturunterschied festlegen. bei dem man am günstigsten wegkommt.

Die beigegebene Zahlentafel 9 enthält die Angaben für einen Temperaturunterschied von 20° zwischen Vor- und Rücklauf, sie ist gekürzt aus dem letzten „Rietschel" entnommen.

Als Beispiel für die Rohrberechnung ist eine einfache Schwerkraft-Warmwasserheizung (Abb. 12) gewählt worden.

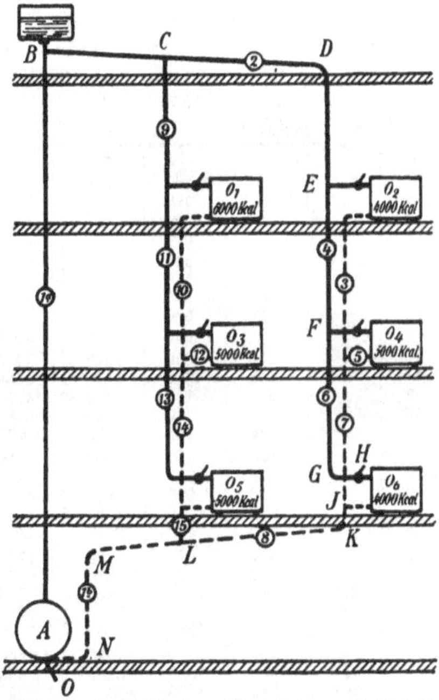

Abb. 12. Beispiel einer Warmwasserheizung mit oberer Verteilung.

Die angenommene Anlage hat obere Verteilung mit 6 Heizkörpern 0_1 bis 0_6, deren Wärmeleistung in die Zeichnung eingetragen ist. Die Rohrleitung ist in 15 Teilstrecken zerlegt, die durch eingetragene Zahlen gekennzeichnet sind. Man geht bei der Rechnung von dem ungünstigsten Heizkörper aus. Das ist derjenige, der am niedrigsten über dem Heizkessel steht und dessen Gesamtrohrleitung vom Heizkessel bis zum Heizkörper und zurück zum Heizkessel die längste ist. Das ist der Heizkörper 0_6. Die Heizkörper im untersten Stockwerk haben den geringsten Arbeitsdruck und in der längsten Rohrleitung kann für jedes laufende m derselben auch nur der entsprechend geringere Anteil des verfügbaren Arbeitsdruckes aufgewendet werden.

Stündliche Wärmeleistung in kcal der Rohrleitung von Druckabfall auf 1 m Rohrlänge und bei einem Tempera-

Druck-abfall in mm WS	Innerer Rohrdurchmesser in mm (verstärktes Stahlrohr)						
	11,25 (3/8")	14,75 (1/2")	19,75 (3/4")	25,5 (1")	34,25 (1 1/4")	39,75 (1 1/2")	51 (2")
0,05				740	1660	2500	4950
0,06			400	820	1840	2780	5500
0,07			440	890	2020	3040	6030
0,08			480	960	2170	3300	6500
0,09			510	1030	2330	3510	7000
0,10			540	1100	2480	3750	7450
0,11			570	1160	2620	3960	7850
0,12			600	1210	2760	4190	8250
0,13		280	630	1270	2900	4400	8650
0,14		295	660	1330	3020	4570	9000
0,15		305	685	1390	3170	4780	9400
0,16		318	710	1440	3280	4950	9750
0,17		330	740	1490	3390	5100	10100
0,18		340	760	1540	3500	5300	10400
0,19		350	785	1590	3620	5500	10700
0,20		360	805	1640	3720	5650	11000
0,22		380	855	1740	3930	5950	11700
0,24		400	900	1830	4150	6250	12300
0,26		420	940	1920	4350	6550	12900
0,28		440	980	2000	4520	6850	13500
0,30	210	460	1020	2080	4720	7150	14000
0,35	229	500	1120	2270	5170	7650	15300
0,40	249	540	1210	2450	5550	8400	16500
0,45	270	580	1300	2620	5950	9000	17600
0,50	285	615	1380	2780	6300	9550	18800
0,55	300	650	1460	2940	6650	10000	19800
0,60	315	685	1540	3100	7000	10500	20700
0,70	347	745	1680	3380	7650	11500	22600
0,80	375	805	1810	3620	8250	12400	24200
0,90	402	860	1940	3890	8800	13200	26000
1,00	430	920	2060	4120	9350	14000	27400
1,10	450	970	2200	4350	9850	14800	29300
1,20	475	1020	2300	4550	10300	15600	30900
1,30	500	1070	2400	4780	10800	16200	32200
1,40	520	1120	2500	4980	11200	16900	33700
1,50	540	1160	2600	5150	11700	17600	35000
1,60	560	1200	2700	5350	12100	18400	36200
1,70	580	1240	2780	5550	12600	19000	37600
1,80	600	1280	2880	5750	12900	19600	38900
1,90	620	1320	2970	5900	13500	20200	40000
2,00	640	1360	3050	6050	13900	20900	41200
2,20	675	1430	3210	6400	14700	22000	43700
2,40	705	1510	3380	6750	15400	23100	45600
2,60	740	1580	3520	7100	16200	24100	48000
2,80	775	1650	3690	7350	16800	25000	49900
3,00	805	1720	3820	7650	17500	26000	52000

Schwerkraftwarmwasserheizungen bei verschiedenem turunterschied von 20°.

Innerer Rohrdurchmesser in mm (nahtloses Stahlrohr)							
57	64	70	76	82,5	88	94,5	100,5
6800	9300	11800	15000	18800	22400	27100	31000
7560	10400	13200	16700	20700	25000	30000	35700
8300	11300	14400	18200	22700	27200	32800	39000
8950	12200	15500	19700	24500	29400	35200	42000
9600	13100	16600	21100	26200	31500	37800	45000
10100	14000	17700	22500	28000	33500	40000	47800
10700	14700	18700	23700	29600	35200	42400	50500
11300	15500	19600	25000	31000	37100	44700	53000
11800	16200	20500	26000	32500	38800	46700	55300
12400	16900	21500	27100	33800	40400	49000	58000
12800	17600	22300	28200	35200	42200	50500	60000
13300	18200	23100	29300	36500	43800	52500	62300
13800	18900	23900	30300	37800	45200	54500	64500
14200	19500	24700	31300	39000	46900	56300	66300
14700	20100	25500	32400	40300	48200	58000	68500
15200	20700	26300	33200	41500	50000	60000	70500
16000	21900	27700	35000	44000	52500	63000	74500
16800	23000	29100	37000	46000	55500	66000	78000
17600	24000	30400	38700	48000	57500	69000	82000
18300	25100	31800	40200	50000	60000	72000	85000
19100	26200	33000	41900	52500	62500	75000	88000
21000	28500	36000	44900	57000	68000	81500	96000
22500	30800	38900	49200	61500	73500	88000	103000
24000	33000	41600	52500	65500	77500	94500	110000
25400	35000	44100	55500	69500	83000	100000	118000
26900	36800	46800	58500	73500	88000	105000	124000
28200	38700	49000	61500	77000	92000	110000	130000
30800	42100	53500	67500	84000	100000	120000	141000
33100	45200	58000	72500	90500	108000	130000	152000
35300	48500	62000	78000	97000	115000	139000	163000
37700	51800	65500	83000	103000	122000	147000	172000
39900	54500	69500	87000	109000	129000	155000	183000
42000	57000	72500	91000	114000	136000	163000	192000
44000	59500	76000	95500	119000	142000	170000	201000
45800	61200	79000	99500	124000	148000	177000	210000
47700	64700	82000	103000	129000	154000	184000	217000
49300	67000	85000	107000	134000	159000	191000	225000
51000	69000	88000	111000	139000	164000	198000	233000
52800	71000	91000	114000	144000	170000	205000	240000
54700	73500	93500	118000	148000	175000	211000	248000
56000	75500	96500	121000	152000	180000	217000	255000
59000	80000	101000	128000	160000	190000	228000	269000
62000	83500	106000	134000	168000	200000	240000	282000
65000	87300	111000	140000	176000	209000	250000	293000
68000	91000	116000	146000	182000	218000	260000	308000
70500	94500	120000	152000	190000	226000	270000	319000

Bei einer Temperatur des Vorlaufs von 90° und des Rücklaufs von 70° ist der Unterschied des Raumgewichtes des Wassers, (siehe Zahlentafel 2) $\gamma_2 - \gamma_1 = 0{,}97787 - 0{,}96552 = 0{,}01235$ kg oder = 12,35 mm WS. Stehen die untersten Heizkörper 4 m über dem Heizkessel, von Mitte zu Mitte gerechnet, so ist für diese der verfügbare Druck $4 \cdot 12{,}35 = 49{,}40$ mm WS. Nach Rietschel soll hiervon nur die Hälfte zur Überwindung der Rohrreibung in Anspruch genommen werden, während man die andere Hälfte für die Einzelwiderstände, bevor man diese genauer festgestellt hat, verwendet.

Der Arbeitsdruck von $\frac{49{,}5}{2} = 24{,}75$ oder rd. 25 mm WS darf also in dem zum Heizkörper 0_6 gehörigen Leitungskreise, also den Teilstrecken 1a und 1b, 2, 4, 6, 8 aufgebraucht werden.

Für die Teilstrecken sollen die folgenden Längen angenommen werden. Sie müssen die daneben angeführten, aus der umfließenden Wassermenge errechneten Wärmemengen führen.

Teilstrecke	Länge	zu liefernde kcal
1a + 1b	25 m [1])	29 000
2	10 m	13 000
3	5 m	4 000
4	4 m	9 000
5	2 m	5 000
6	5 m	4 000
7 [2])	4 m	(9 000)
8	6 m	(13 000)
9	4 m	16 000
10	5 m	6 000
11	4 m	10 000
12	2 m	5 000
13	5 m	5 000
14	4 m	(11 000)
15	2 m	(16 000)

Für den ungünstigsten Heizkörper mit dem längsten Leitungskreise 1a + 1b + 2 + 4 + 6 + 8 ergibt sich eine Gesamtlänge von 25 + 10 + 4 + 5 + 6 = 50 m. Da 25 mm WS zur Verfügung stehen, können also für 1 m 0,5 mm WS aufgebraucht werden.

[1]) 1a = 20 m im Vorlauf; 1b = 5 m im Rücklauf.

[2]) Teilstrecken, bei denen kcal eingeklammert ist, liegen im Rücklauf, sie führen also eigentlich keine kcal mehr für die Heizung. Da sich die Zahlentafel auf diese stützt, so muß sie sinngemäß wie beim Vorlauf benutzt werden.

Man kann nun die Rohrweiten der für den Heizkörper in Frage kommenden Teilstrecken aus Zahlentafel 9 entnehmen, indem man die in der Waagerechten hinter dem Druckabfall 0,5 mm stehenden Wärmeleistungen aufsucht — man wählt immer die nächsthöhere Zahl — und die senkrecht darüber angegebenen Rohrweiten festlegt.

Daraus ergibt sich für 0_6 folgende Übersicht:

Teilstrecke	1	2	4	6	8
mit der zu führenden Wärmemenge	29000	13000	9000	4000	13000 kcal
Rohrweite nach der Zahlentafel	64	2″	$1^1/_2$″	$1^1/_4$″	2″ l. W.
tatsächliche Wärmeleistung nach dieser	35000	18800	9550	6300	18800 kcal

Infolge der teilweise wesentlich höheren Leistung der Rohre wird sich der Druckabfall günstiger stellen als 0,5 mm/m.

Betrachtet man nun den Heizkörper 0_4, so sieht man, daß zu seinem Leitungskreis die Teilstrecken 1, 2, 4, 5, 7, 8 gehören. Er stehe 4 m höher als 0_6, dann beträgt der Arbeitsdruck $4 + 4 = 8 \cdot 12{,}35 = 98{,}8$ mm; davon die Hälfte ab für die Rohrreibung $= 49{,}4$ mm. Die Rohrlänge beträgt 51 m, aber für die Teilstrecken 1, 2, 4, 8 mit zusammen 45 m ist die Rohrweite nach 0_6 bestimmt. Der Arbeitsdruck für diese beträgt $0{,}5 \cdot 45 = 22{,}5$ mm. Es bleiben also für die Teilstrecke 5 und 7 mit zusammen 6 m Länge $49{,}4 - 22{,}5 = 26{,}9$ mm oder für 1 m rund 4,5 mm WS übrig.

Nach der Zahlentafel ergibt sich für 3 mm WS

für Teilstrecke	5	7
mit der zu führenden Wärmemenge	5000	9000 kcal
eine Rohrweite von	1″	$1^1/_4$″
mit einer Wärmeleistung von	7650	17500 kcal

In gleicher Weise bestimmt man nun die Rohrweiten der übrigen Teilstrecken.

Bei der Anfertigung des zur Ausführung bestimmten Entwurfs zieht man die bisher nur durch den überschläglichen Abzug von 50 v. H. berücksichtigten Einzelwiderstände in genauere Betrachtung. Zwar läßt sich nicht jede Rohrkrümmung genau voraussehen, aber im ganzen ist doch eine genügend sichere Übersicht zu erreichen.

Ausgehend von den auf S. 76 angegebenen Einzelwiderständen ergibt sich für den Heizkörper 0_6 folgendes Bild:

Es treten auf

in Teilstrecke 1a (64 mm l. W.)

1 halber Kesselwiderstand bei A	$\zeta = 1{,}25$
1 T-Stück i. d. Abzweigrichtung bei B	$\zeta = 1{,}5$
1 T-Stück i. d. Durchgangsrichtung bei C	$\zeta = 1{,}0$
in Teilstrecke 2 (2″)	
1 Bogen bei D	$\zeta = 0{,}5$
1 T-Stück i. d. Durchgangsrichtung bei E	$\zeta = 1{,}0$
in Teilstrecke 4 ($1^1/_2$″)	
1 T-Stück i. d. Durchgangsrichtung bei F	$\zeta = 1{,}0$
in Teilstrecke 6 ($1^1/_4$″)	
1 Bogen bei G	$\zeta = 0{,}5$
1 Eckventil bei H	$\zeta = 2$
1 Heizkörperwiderstand (Leichtradiator)	$\zeta = 3$
1 T-Stück i. d. Abzweigrichtung bei J	$\zeta = 1{,}5$
außerdem sind die beim Heizkörperanschluß unvermeidlichen Rohrbögen mit mindestens 2 zu berücksichtigen	$\zeta = 2{,}0$
in Teilstrecke 8 (2″)	
1 Bogen bei K	$\zeta = 0{,}5$
1 T-Stück i. d. Durchgangsrichtung bei L	$\zeta = 1{,}0$
in Teilstrecke 1b (64 mm l. W.)	
3 Bögen bei M, N und O	$\zeta = 1{,}50$
1 halber Kesselwiderstand bei A	$\zeta = 1{,}25$
Die Gesamteinzelwiderstände sind also für 0_6	$\Sigma\zeta = 19{,}50$

Um nun die diesen Einzelwiderständen entsprechenden Druckverluste zu finden, drückt man die Einzelwiderstände durch eine **gleichwertige Rohrlänge** aus. Für den in der Zahlentafel 9 angegebenen Druckabfallbereich von 0,05 bis 3 mm WS kann man für jedes $\xi = 1$ mit genügender Genauigkeit die in Zahlentafel 13 enthaltenden Rohrlängen als Zuschlag zu den wirklichen Rohrlängen einsetzen.

Zahlentafel 13

Gleichwertige Rohrlängen für $\zeta = 1$

Rohrweite mm	11	14	20	25	34	40	51	57	64	70	76	82,5	88	94,5	100,5
gleichwertige Rohrlänge m	0,2	0,3	0,4	0,6	1,0	1,2	1,7	1,9	2,2	2,6	3,0	3,3	3,6	3,9	4,3

Für Teilstrecke 1a mit 64 mm l. W. und $\Sigma\zeta = 3{,}75$ wurde die gleichwertige Rohrlänge also $2{,}2 \cdot 3{,}75 = 8{,}3$ m betragen, d. h. die Einzelwiderstände ergeben so viel Druckverlust, wie eine 8,3 m lange Rohrleitung durch einfache Rohrreibung. Nach Zahlentafel 9 beträgt der Druckabfall in dieser Teilstrecke 0,40 mm WS, bei 8,3 m Rohrlänge daher $8{,}3 \cdot 0{,}4 = 3{,}3$ mm WS.

Für den ganzen Stromkreis des Heizkörpers 0_6 ergeben sich die in Zahlentafel 14 zusammengestellten Werte.

Zahlentafel 14

Zusammenstellung der Druckabfälle durch Einzelwiderstände im Stromkreise des Heizkörpers 0_6

Teilstrecke	WE	Durchmesser	Druckabfall je m mmWS	$\Sigma\zeta$	gleichwertige Rohrlänge	Druckabfall mm WS Spalte 4 × 6
1	2	3	4	5	6	7
1a	29 000	64	0,40	3,75	3,75 . 2,2 = 8,3 m	3,3
2	13 000	2″	0,28	1,50	1,50 . 1,7 = 2,6 ,,	0,7
4	9 000	1½″	0,45	1,00	1,00 . 1,2 = 1,2 ,,	0,6
6	4 000	1¼″	0,24	9,00	9,00 . 1,0 = 9,0 ,,	2,2
8	13 000	2″	0,28	1,50	1,50 . 1,7 = 2,6 ,,	0,7
1 b	29 000	64	0,40	2,75	2,75 . 2,2 = 6,1 ,,	2,5
				19,50	29,8 m	10,0

Der Arbeitsdruck für 0_6 wurde mit 49,5 mm WS festgestellt. Zieht man davon die durch die Einzelwiderstände tatsächlich auftretenden Druckverluste von 10 mm WS ab, so verbleiben zur Überwindung der Rohrreibung 49,5 — 10 = 39,5 mm WS. Die Annahme von 50 v. H. Verlust durch die Einzelwiderstände war also zu hoch. Man hätte also die Rohrleitung mit 0,7 mm WS Reibungswiderstand rechnen können.

Legt man die in Zahlentafel 14 angegebenen Druckabfälle zu Grunde, so erhält man die in Zahlentafel 15 aufgeführten Gesamtdruckverluste für den Heizkörper 0_6 und die endgültig zu verwendenden Rohrweiten.

Zahlentafel 15

Zusammenstellung des Druckverlustes und die endgültig für den Stromkreis des Heizkörpers 0_6 zu verwendenden Rohrweiten

Teilstrecke	WE	Durchmesser	Länge m	Druckabfall je m mmWS	$\Sigma\zeta$	gleichwertige Rohrlänge	Summe von Spalte 4 + 7 m	Druckabfall mm WS Spalte 5 + 8
1	2	3	4	5	6	7	8	9
1 a	29 000	57	20	0,70	3,75	3,75 . 1,9 = 7,1 m	27,1	19,0
2	13 000	1½″	10	0,90	1,50	1,50 . 1,2 = 1,8 ,,	11,8	10,6
4	9 000	1½″	4	0,45	1,00	1,00 . 1,2 = 1,2 ,,	5,2	2,4
6	4 000	1¼″	5	0,24	9,00	9,00 . 1,0 = 9,0 ,,	14,0	3,4
8	13 000	1½″	6	0,90	1,50	1,50 . 1,2 = 1,8 ,,	7,8	7,0
1 b	29 000	57	5	0,70	2,75	2,75 . 1,9 = 5,2 ,,	10,2	7,1
					19,50			49,5

Aus der letzten Zahlentafel ist zu ersehen, daß der dem Heizkörper 0_6 zur Verfügung stehende Arbeitsdruck von 49,5 mm WS bei den gewählten Rohrweiten restlos aufgebraucht ist.

Wenn man nun die übrigen Teilstrecken in ähnlicher Weise durchrechnet, so gelingt das nicht immer; dann muß man, sofern größere Abweichungen von dem verfügbaren Arbeitsdruck vorhanden sind, mit einer anderen Rohrweite eine möglichste Annäherung zu erreichen suchen. Daraus ergibt sich, daß der Druckabfall nicht in allen Teilen des Rohrnetzes der gleiche zu sein braucht. Bei einiger Erfahrung und Überlegung wird man leicht zu den vorteilhaftesten Rohrweiten kommen.

Nach sorgfältiger Durchführung dieser Rechnungen wird die erstellte Anlage ohne jede Nachregelung einwandfrei arbeiten können, indessen pflegt man, um die Möglichkeit feinster Nachregelung der einzelnen Heizkörper zu haben, vor diesen doppelt einstellbare Ventile oder Hähne anzubringen (sog. Voreinstellung).

Bei älteren Anlagen konnte man ohne eine solche Nachregelung überhaupt nicht auskommen, und wenn sie bei neuzeitlichen Anlagen noch in nennenswertem Umfang notwendig ist, so ist das der Beweis, daß diese nicht die größtmögliche Vollkommenheit besitzen.

Es ist hier nur möglich das Wesen des Rechnungsganges zur Ermittlung der Weiten des Rohrnetzes an einer kleinen Anlage darzustellen. Bei größeren Anlagen und bei Stockwerksheizungen muß auch die Einwirkung der Abkühlung des Heizwassers im Rohrnetz auf den Arbeitsdruck berücksichtigt werden. In dieser Hinsicht muß auf das einschlägige Fachschrifttum verwiesen werden.

Abschnitt 29. Erhöhung des Arbeitsdruckes in Warmwasserheizungen.

In vielen Fällen, besonders bei mittleren und größeren Anlagen mit großer waagerechter Ausdehnung und geringer Arbeitshöhe reicht die durch die Schwerkraftwirkung zwischen dem erwärmten Vorlaufwasser und dem abgekühlten Rücklaufwasser erreichbare Arbeitskraft nicht zur Erzielung geordneter Umlaufverhältnisse aus, wenn man nicht zu unwirtschaftlich großen Leitungsquerschnitten gelangen will.

Man suchte daher nach Mitteln, den Arbeitsdruck und damit die Umlaufgeschwindigkeit künstlich zu erhöhen. Die von dem Dänen Reck entwickelte und später viel nachgeahmte Schnellumlaufheizung verwendete in der Vorlaufleitung ein Gemisch von Dampf und Wasser, das spezifisch viel leichter als erwärmtes Wasser ist und dadurch eine größere Umlaufskraft erzeugen kann. Allerdings mußte man besondere Einrichtungen zur Herstellung des Gemisches und zum Wiedersausscheiden des Dampfes vor Eintritt in die Verteilungs- und Rücklaufleitungen vorsehen. Diese, und besonders der Fortfall des größten Vorteils der Warmwasserheizung, ihre leichte Regelung der Wärmeabgabe durch Einstellung der Vorlauftemperatur, haben dazu geführt, daß solche Heizungen und auch verschiedene seither erschienene ähnliche Ausführungen bald wieder verschwunden sind.

Der heute ausschließlich beschrittene Weg zur Erhöhung der Umlaufkraft ist die Einschaltung einer geeigneten Pumpe in das Leitungsnetz. Dadurch ist die Reichweite der Warmwasserheizung beliebig erhöht und die Warmwasserfernheizung überhaupt erst ermöglicht worden. Durch Einführung der Pumpenheizung wird es möglich, erheblich kleinere Rohrweiten zu verwenden. So erhält z. B. der in dem Beispiel in Abschn. 28 angeführte Heizkörper 0_6, der bei Schwerkraftheizung für den errechneten Arbeitsdruck von 49 mm WS eine Rohrleitung von 64 mm l. W. bei einer Umlaufgeschwindigkeit von 0,15 m/Sc. erfordert, bei Erhöhung der Umlaufgeschwindigkeit auf 1 m eine einzöllige Rohrleitung bei gleicher Wärmeleistung.

Man soll jedoch nur zur Pumpenheizung übergehen, wenn eine eingehende Untersuchung die größere Wirtschaftlichkeit gezeigt hat und wenn außerdem sachgemäße Bedienung und Unterhaltung gesichert ist.

Die für derartige Warmwasserheizungen mit erhöhtem Arbeitsdruck gegebene Pumpe ist die Kreiselpumpe mit elektrischem Antrieb, bei großen Anlagen auch mit Dampfturbinenantrieb, um deren Abdampf zu Heizzwecken ausnutzen zu können. Bei ihrem Einbau muß besonders darauf geachtet werden, daß sich Erschütterungen und Betriebsgeräusche nicht durch die angeschlossenen Rohrleitungen oder über die Fundamente fortpflanzen können. Auf geräuschlosen Gang ist besonders zu achten, ebenso müssen, um vollständige Betriebssicherheit zu erreichen, Reservepumpen vorgesehen werden.

Es sei hier besonders darauf hingewiesen, daß die Pumpen niemals in der Vorlaufleitung angeordnet werden dürfen, um Dampf- und Wasserschläge infolge Vacuumbildung zu vermeiden.

Man hat mit Erfolg versucht, die Pumpenheizungen so auszubilden, daß die Pumpe nur als Hilfskraft beim Anheizen und bei besonders großer Kälte als Umlaufbeschleuniger verwendet wird, während bei normalen Betriebsverhältnissen die Heizung als Schwerkraftheizung arbeitet.

W. Opländer entwickelte für diesen Zweck eine kleine Schraubenpumpe von geringer Leistungsaufnahme, die unmittelbar einen Teil der Leitung bildet und bei Stillstand den Umlauf nicht hindert[1]). Sie gestattet es, auch bei kleinen Anlagen den Pumpenbetrieb lohnend einführen zu können und gibt zudem die Möglichkeit, auch in älteren Anlagen durch Brennstoffersparnis höhere Wirtschaftlichkeit zu erzielen.

Abschnitt 30. Temperaturen in Warmwasserheizungen.

Wenn man das bisher über die Temperaturverhältnisse der Warmwasserheizungen Gesagte zusammenfassend betrachtet.

[1]) Wilopumpe s. Bd. 2.

so ergibt sich zunächst, daß man bei voll in Anspruch genommener Anlage, also bei tiefster Außentemperatur, mit einer Wasserwärme im Vorlauf von 90° rechnet, also im Heizkessel Wasser von dieser Temperatur erzeugen muß. Diese Höchsttemperatur gebraucht man aber nur wenige Tage im Jahre. Die Durchschnittsleistung der Heizungen liegt etwa auf der Hälfte der Volleistung. Man muß von der Anlage verlangen, daß sie sich den verschiedenen Außentemperaturen leicht anpaßt, d. h. man muß durch Einhaltung angemessener Wärmegrade im Heizkessel eine gleichmäßige Erwärmung aller Heizkörper erzielen können.

Es soll durchschnittlich einer

Außentemperatur von	—15	—10	—5	0	+ 5	+10	+15° C
eine Heizwassertemperatur von	+90	+80	+70	+60	+50	+40	+30° C

entsprechen.

In einer gut arbeitenden Warmwasserheizung muß der Umlauf des Wassers schon nach Eintritt einer Erwärmung um wenige Grad beginnen und sich gleichmäßig verteilen. Nach Eintritt der erforderlichen Heizwassertemperatur sollen die beheizten Räume auch die benötigten Raumtemperaturen besitzen. Daß bei einer ausgedehnten Anlage der Beharrungszustand langsamer eintritt als bei einer kleineren, ist selbstverständlich.

Wenn bei einer Heizungsanlage die Heizkörper nicht gleichmäßig warm werden, wenn vor allem die gewünschte Raumtemperatur erst erreicht wird, sobald man die Heizwassertemperatur höher treibt als der Regel entspricht, so hat die Anlage Mängel. Eine ungleichmäßige Erwärmung deutet auf schlechte Rohrleitungsberechnung hin, die Anwendung höherer Heiztemperaturen darauf, daß an Heizfläche, sei es beim Heizkessel, sei es bei den Heizkörpern, in unzulässiger Weise gespart war. Das muß besonders hervorgehoben werden, denn die Schaffung unnötig hoher Heizwassertemperaturen erfordert einen größeren Brennstoffverbrauch. Es wird in dieser Hinsicht vielfach zuliebe billiger Beschaffung der Anlagen sehr gesündigt.

Sparen bei der Anlage von Heizungen ist das Verkehrteste, was man tun kann. Einmal vorhandene Fehler lassen sich nur schwer und unter großen Kosten beseitigen. Sehr oft ist das Herausreißen der Anlage das einzige Mittel. Keine Einrichtung eines Hauses ist so sehr Vertrauenssache, wie die Heizungsanlage. Etwa bei der Anschaffung gemachte Einsparungen verwandeln sich, ganz abgesehen von dem Ärger und der entstandenen Minderwertigkeit des Gebäudes, durch den steten Mehrverbrauch an Brennstoff in dauernde große Verluste.

Bei großen Warmwasserfernheizungen ist man in den letzten Jahren zu höheren Vorlauftemperaturen, bis zu 125° und darüber, übergegangen. Dadurch werden wesentliche und auch berechtigte Ersparungen in den Rohrleitungskosten erzielt, da bei einem größeren Temperaturgefälle zwischen Vor- und Rücklauf die gleiche Wärmeleistung mit einer wesentlich geringeren Menge umlaufenden Wassers erzielt wird. Man sorgt aber durch entsprechende Einrichtungen — Mischung des heißen Vorlaufwassers mit kälterem Rücklaufwasser, Wärmeaustauscher — dafür, daß in den angeschlossenen Heizungen selbst nur die üblichen Vorlauftemperaturen (also höchstens 90°) auftreten können. Wasser siedet unter atmosphärischem Druck bei 100°, eine Wassertemperatur von 125° entspricht einem Druck von 2,5 ata (siehe Abschn. 1). Solche Drücke sind in den Vorlaufleitungen ohne weiteres zulässig, in den Heizungen selbst, d. h. den Heizkörpern, aber nicht, und es muß daher vermieden werden, daß sie in den Heizungen auftreten.

In Fabriken sind derartige Heißwasserheizungen, bei denen man aus einem Betriebskessel direkt oder indirekt hocherwärmtes und damit auch unter höherem Druck stehendes

Wasser entnimmt, in den letzten Jahren häufig verwendet worden.

Abschnitt 31. Dampfheizung.

Bei der Dampfheizung ist Wasserdampf der Wärmeträger. Er verdichtet sich bei der Wärmeabgabe zu Wasser, dabei wird die darin enthaltene Verdampfungswärme frei und diese wird dann zur Heizung benutzt. Die Verwendung von Wasserdampf als Wärmeträger hat den Vorteil, daß große Wärmemengen bei geringem Gewicht durch die Leitungsrohre befördert und leicht große Entfernungen überwunden werden können. Die Fernheizungen wurden deshalb früher zumeist als Dampfheizung ausgeführt. Heute sind solche Dampffernheizungen nur noch bei ausgesprochenen Städteheizungen zu finden. Für größere und mittlere Gebäude hat sich die Dampfheizung in ihrer heutigen Form als Niederdruck-Dampfheizung ein weites Feld erobert.

Aus der Zahlentafel 1 über die Siedetemperaturen usw. geht hervor, daß bei hohen Drücken der Wärmeinhalt des Dampfes nur wenig von dem bei niederen Drücken verschieden ist, daß aber der spezifische Rauminhalt mit steigendem Druck stark abnimmt. Man verwendet daher zur Fortleitung des Dampfes auf größere Entfernungen hochgespannten Dampf bis zu 8 und 10 atü, um enge und damit auch billige Rohrleitungen zu erhalten. Durch Wärmeschutzmasse (Isolierung) schützt man die Rohre vor zu starker Abkühlung und hat damit erreicht, daß die Wärmeverluste nur noch $^1/_{10}$ derjenigen des ungeschützten Rohres betragen.

Der Verlust zeigt sich als Niederschlag-(Kondens-)wasser, zu dessen Ableitung Kondenswasserableiter in die Leitung eingeschaltet werden müssen. Einen Teil dieser Verluste kann man dadurch ausgleichen, daß man das Kondenswasser dem Kessel wieder zuführt und so seine Wärme wieder gewinnt.

Der Betriebsdampf wird in einem eigenen Heizkessel erzeugt oder bei Fabrik- und Fernheizungen vorhandenen oder neu errichteten Kraftwerken entnommen und durch Leitungen verteilt, so daß in den angeschlossenen Heizungsanlagen die Heizkessel fortfallen.

Die eigentlichen Dampfheizungen werden in Hoch-, Niederdruck-, Anzapfdampf-, Abdampf- und Unterdruck-(Vacuum-)heizungen eingeteilt. Die Abdampfheizungen setzen das Vorhandensein einer Dampfkraftanlage voraus, der der Betriebsdampf entnommen werden kann. Auch bei den Unterdruckheizungen ist das teilweise der Fall und es wird dann der vorhandene Kondensator zur Erzeugung des Unterdrucks verwendet. Selbständige Unterdruckheizungen, d. h. solche mit eigener Luftpumpe, sind in Deutschland nicht üblich. Der Gedanke, durch Änderung des Unterdrucks die Temperatur der Heizkörper zu regeln, läßt sich wegen der unvermeidlichen Undichtigkeiten an den Ventilen u. dergl. nicht verwirklichen. Auch bei den zur Beheizung von Hochhäusern in den Verein. Staaten benutzten Unterdruckheizungen dient die vorhandene Luftpumpe nicht so sehr zur Erzeugung der Luftleere und damit zur Temperaturregelung, als vielmehr zur guten Entfernung der eingedrungenen Luft und des Niederschlagwassers.

Abschnitt 32. Hochdruckdampfheizung.

Sie sind, wie der Name schon besagt, Heizungen, die mit Dampf von verhältnismäßig hohem Druck arbeiten. Sie wurden mitunter in Fabriken verwendet, wo höher gespannter Dampf zur Verfügung steht. Allerdings pflegt man wegen der Schwierigkeit des Dichthaltens der Leitungen und des Heizkörpers bei höheren Drücken und der Gefahren, die dadurch entstehen können, den Druck in der Anlage auf ungefähr 2 atü zu vermindern.

Die Druckverminderung wird durch Druckminderventile

(Reduzierventile) bewirkt. Als Heizfläche verwendet man neben Rippenrohren sehr oft glatte, schmiedeeiserne Rohre, die als lange Stränge an der Erde, an den Wänden oder auch über Kopfhöhe in den Arbeitsräumen angebracht werden. Am Ende der Heizleitungen leitet man das Niederschlagwasser durch Kondenswasserableiter ab und führt es zweckmäßig dem Speisewasser des Dampfkessels wieder zu.

Mit Hochdruckdampf arbeitende Einzelheizkörper lassen sich nur sehr schwer in ihrer Wärmeabgabe regeln, weil es nicht möglich ist, die Absperrventile so fein einzustellen, wie es für die gewünschte Regelung der Durchflußmengen erforderlich ist.

Die Zuführung des Dampfes und die Abführung des Niederschlagwassers muß stets in getrennten Leitungen erfolgen. Damit das in den Dampfrohren entstehende Niederschlagwasser keine Störungen hervorruft, geht man mit dem Hauptdampfrohr zunächst auf kürzestem Wege in die Höhe und verzweigt von dort nach den einzelnen Strängen mit angemessenem Gefälle. Eine Ausnahme bilden die sog. Kreislaufheizungen, zuerst von Krantz ausgeführt. Bei diesen findet keine Druckverminderung statt, sondern der Dampf steht in der gänzlich aus glatten Rohren hergestellten Heizung unter vollem Kesseldruck. Eine eigenartige Anordnung beim Rücklauf sorgt dafür, daß das Niederschlagwasser selbsttätig wieder in den Kessel gelangt.

Abschnitt 33. Berechnung der Hochdruckdampfleitung.

Die Anlagen zur Erzeugung des Hochdruckdampfes, also die Dampfkesselanlagen, gehören nicht zum Bereich des eigentlichen Heizungsfaches und werden hier deshalb nicht besprochen. Die Ausführung der Verteilungsleitung nach den verschiedenen Verwendungsstellen ist dagegen meistens Sache der Heizungstechniker.

Die richtige Bemessung dieser Verteilungsleitung ist von um so größerer Bedeutung, je weiter der Dampf geleitet werden soll. Man muß bei diesen Fernleitungen mit Rücksicht auf die Gestehungskosten und die möglichste Vermeidung von Wärmeverlusten bestrebt sein, die Rohrleitung so eng wie möglich zu halten.

Da der Druck in den heutigen Hochdruckdampfkesseln selten niedriger als 8 atü ist, man aber zu Heiz-, Koch- und Waschzwecken meist mit Spannungen unter 1 atü auskommt, kann man in den Fernleitungen mit hohen Druckverlusten durch Reibung an den Rohrwänden rechnen. Es verbilligt die Rohrleitung wesentlich, wenn man im Anfang der Leitung den Druckabfall am höchsten wählt. Eine derartige Leitung wird nur kurze Zeit auf volle Leistung beansprucht, meistens wird die durchfließende Dampfmenge eine geringere sein und damit der Druck am Ende des Rohres auch nicht so weit abfallen als rechnerisch angenommen. Da aber an den Verbrauchsstellen Druckschwankungen unzulässig sind, müssen Regelgeräte oder Druckminderer eingebaut werden, die es gestatten, den Druck jederzeit auf gleicher Höhe zu halten.

Vielfach sind die Fernheizleitungen in begehbaren Kanälen untergebracht, die eine gute Überwachung gestatten und meist auch für andere Leitungen aller Art benutzt werden. Solche Kanäle sind aber sehr teuer, man benutzt deshalb neuerdings auch unbegehbare Kanäle von kleinem Querschnitt, in denen geschweißte Rohrleitungen verlegt werden.

Durch geeignete Einrichtungen muß die Betriebsfähigkeit derartiger Anlagen jederzeit gesichert sein. So führt man z. B. die Fernleitungen häufig so aus, daß sie einen geschlossenen Ring bilden und der Dampf auf zwei Wegen an jede Verbrauchsstelle gelangen kann.

Die Ausdehnung der langen Leitungen infolge Erwärmung ist durch Einbau von Ausdehnungsstücken oder -bögen zu berücksichtigen, ebenso sind die Rohrleitungen an bestimmten Stellen festzuhalten, um etwa durch das Werfen und Verziehen der Rohre hervorgerufene Störungen sicher zu vermeiden.

H. Fischer hat zur Berechnung der Rohrleitungen wertvolle Formeln entwickelt. Sie berücksichtigen die Druckverluste infolge Reibung an den Rohrwänden, die einmaligen Widerstände und den Wärmeverlust nach außen, der als Niederschlagwasser erkennbar ist.

Bedeutet

p_1 den Überdruck des Dampfes beim Eintritt in ein Rohr in kg/m² (oder mm WS),

p_2 den Druck beim Austritt, γ das Gewicht von 1 m³ Dampf von der Spannung $\frac{p_1 + p_2}{2}$,

d den Innendurchmesser des Rohres in cm,

l die Länge der Rohrleitung in m,

ζ die einmaligen Widerstände,

K das stündlich zu fördernde Dampfgewicht in kg,

V den Dampfverlust durch Wärmeabgabe nach außen,

so ist der Rohrdurchmesser für ein bestimmtes K und einen bekannten Druckverlust bei gegebener Länge:

$$d = \sqrt[5]{\frac{1{,}9\,l + 0{,}8 d \Sigma \zeta}{\gamma(p_1 - p_2)} \left(K + \frac{V}{2}\right)^2} \qquad (22)$$

Kennt man an Stelle des Dampfgewichtes K die zu liefernde Wärmemenge Q, so ist $K = \frac{Q}{W}$, worin W die Wärmemenge, die 1 kg Dampf abgibt, ist. Das Niederschlagwasser fließt annähernd mit der Dampftemperatur ab, man kann deshalb genau genug für W die Verdampfungswärme des Dampfes bei den verschiedenen Spannungen einsetzen. Da in der angeführten Formel der Wert d auch auf der rechten Seite vorkommt, so schätzt man ihn zunächst und rechnet den Rohrdurchmesser mit diesem Werte aus. Kleinere Abweichungen des geschätzten von dem sich ergebenden Durchmesser haben wegen des geringen Zahlenwertes des betreffenden Gliedes der Formel nur sehr wenig Einfluß auf das Ergebnis. Zur Sicherheit kann man den berechneten Wert nochmals in die Gleichung einsetzen und die Rechnung wiederholen.

Dem derart gefundenen Rohrdurchmesser gemäß wird dann die nächsthöhere Handelsrohrweite gewählt, wodurch der wirkliche Druckabfall kleiner wird als in der Rechnung angenommen. Besitzt ein Dampfrohr Abzweigungen, deren jede einen Teil des Dampfes weiterleiten soll, so zerlegt man die Leitung in einzelne Teilstrecken und berechnet dann für jeden Teil den Rohrdurchmesser und den tatsächlichen Druckabfall nach Einführung der Handelsrohrweiten. Dieser wird gegenüber dem angenommenen einen Unterschied aufweisen. Man kann ihn dadurch ausgleichen, daß man ihn in einer Teilstrecke einführt und damit einen neuen Wert d errechnet.

Sind die Teilstrecken kurz, so kann man mit hinreichender Genauigkeit eine durch Fortlassen der Glieder für V und ζ vereinfachte Formel benutzen. Sie lautet:

$$d = \sqrt[5]{\frac{1{,}91\,K^2}{\gamma(p_1 - p_2)}} \qquad (23)$$

Hiernach berechnet man die Teilstrecken, setzt die zunächst höhere Handelsweite ein und verfährt dann bezüglich der Ermittlung der wirklichen Druckverluste wie oben beschrieben. Meistens genügt die Erhöhung der Rohrweiten auf Handelsmaß, um die vernachlässigten Einflüsse der Verluste infolge einmaliger Widerstände und der Wärmeabgabe nach außen auszugleichen. Sonst nimmt man eben auch die oben angegebene Berichtigung vor.

Als Werte für die Wärmeabgabe oder den Dampfverlust V kann man annehmen:

Zahlentafel 16.

Dampfverlust *V* in kg/h durch Wärmeabgabe von Rohrleitungen für 1 m Rohrlänge.

Rohrweite in mm........	11	14	20	25	34	39	49	
Abgegebenes Dampfgewicht beim umhüllten Rohr kg	0,036	0,045	0,057	0,075	0,09	0,015	0,13	
beim nackten Rohr...kg	0,15	0,18	0,23	0,3	0,36	0,42	0,52	
Rohrweite in mm	58	64	70	76	82	88	94	100
Abgegebenes Dampfgewicht beim umhüllten Rohr kg	0,14	0,16	0,17	0,18	0,21	0,22	0,225	0,24
beim nackten Rohr .. kg	0,56	0,64	0,68	0,72	0,84	0,88	0,90	0,96

Abschnitt 34. Niederdruckdampfheizung.

Die Niederdruckdampfheizung ist amerikanischen Ursprungs. Sie wurde in den achtziger Jahren des vorigen Jahrhunderts in Deutschland eingeführt und sowohl in technischer wie auch in hygienischer Beziehung soweit vervollkommnet, daß sie viele Freunde gefunden hat. Aber gerade diese Heizungsart ist gegen Fehler in der Anlage sehr empfindlich und wird, da man häufig unsachgemäß ausgeführte Anlagen findet, vielfach zu Unrecht als minderwertig angesehen.

Mit einem Standrohr bis zu 5 m Höhe versehene Niederdruckdampfkessel dürfen unter bewohnten Räumen aufgestellt werden. Soweit sie zum Betrieb von Heizungsanlagen dienen, sind sie von einer Abnahme und staatlichen Aufsicht befreit, wenn in einer durch Verordnung vorgeschriebenen Form die eidesstattliche Erklärung abgegeben wird, daß der Kessel den gesetzlichen Sicherheitsvorschriften entspricht.

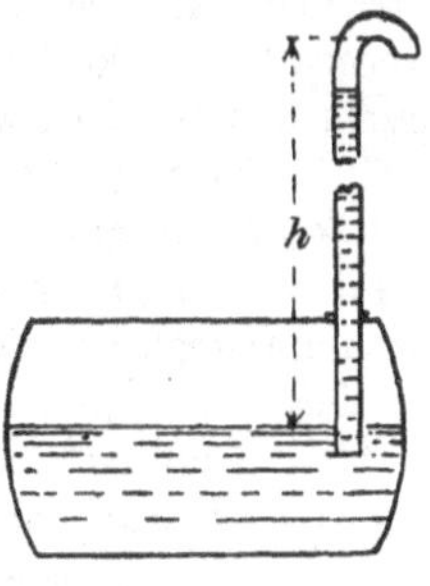

Abb. 13. Standrohr älterer Ausführung an einem Niederdruckdampfkessel.

Derartige Kessel werden in Niederdruckdampfheizungen verwendet. Abb. 13 zeigt grundsätzlich die Anordnung des Standrohres an einem kleinen Walzenkessel. Entsteht Druck im Kessel, so steigt das Wasser im Standrohr, bis es bei einem Druck von über 5 m WS = 0,5 atü aus dem Rohr so lange austritt, bis der Druck wieder gesunken ist.

Der in Niederdruckdampfheizungen im allgemeinen vorkommende **höchste Druck** beträgt 0,2 atü, nur wenn man den Dampf auch zu Kochzwecken verwenden will, geht man wohl bis 0,5 atü. Derartige Drücke sind gänzlich unbedenklich. Das kann man daraus erkennen, daß in Warmwasserheizungen viel höhere Drücke (bei einem Höhenunterschied von 15 m zwischen Kessel und Ausdehnungsgefäß also 1,5 atü am Kessel) ohne jede Schwierigkeit verwendet werden.

Um einen gleichbleibenden Druck im Niederdruckdampfkessel zu erhalten, versieht man ihn mit einem durch den Kesseldruck betätigten Regler, der die Luftzufuhr zur Feuerung und damit die Verbrennung beeinflußt. Wird die Wärmeabgabe der Heizung durch Drosseln der Heizkörper verringert, so steigt der Druck im Kessel und der Regler vermindert die Luftzufuhr zur Feuerung, so daß der Druck wieder herabsinkt. Der Regler soll stets so eingerichtet sein, daß es möglich ist, den Druck nach Belieben einzustellen, um die Leistung der Heizung entsprechend der Außentemperatur erhöhen oder vermindern zu können. Gute derartige Regler gestatten Einstellungen von 0,01 zu 0,01 atü und weniger.

Abb. 14 zeigt grundsätzlich die Ausführung einer Niederdruckdampfheizungsanlage.

K ist der Dampfkessel mit dem Standrohr *S*. Der Verbrennungsregler ist nicht dargestellt. *D* ist die Dampfzuleitung zu den Heizkörpern H_1—H_6, *C* die Rücklaufleitung, die das Niederschlagwasser zum Kessel zurückführt. Da vor dem Anheizen Leitung und Heizkörper mit Luft gefüllt sind, so muß diese nach dem Anheizen durch den Dampf verdrängt werden können. Dazu dient das Entlüftungsrohr *L*. Jeder Heizkörper erhält ein Absperrventil. Werden die Heizkörper abgestellt oder die Heizung außer Betrieb gesetzt, so verschwindet der Dampf, die Luft tritt wieder ein und das Wasser fließt zum Kessel zurück. Die Gefahr des Einfrierens der Heizkörper und Rohrleitungen fällt dadurch fort. Eine Nachspeisung von frischem Wasser ist ebensowenig nötig wie bei den Warmwasserheizungen. Wichtig ist es, zu verhindern, daß Dampf in die Rücklaufrohre gelangt, da Hämmern und Stoßen eintreten kann, wenn Dampf und Wasser mit verschiedenen Temperaturen zusammentreffen.

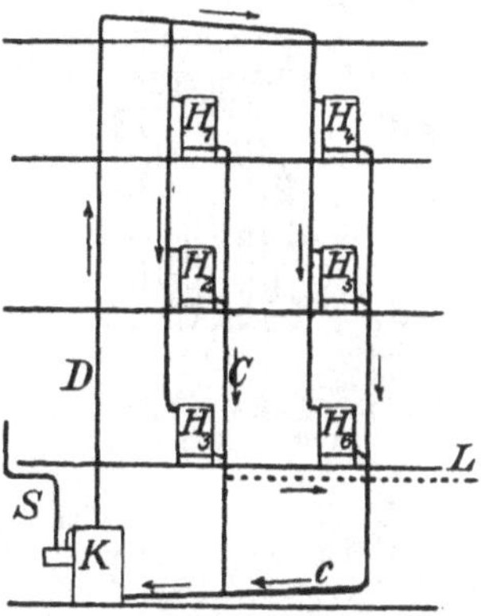

Abb. 14. Niederdruckdampfheizung.

Die dargestellte Anlage hat obere Verteilung. Ebenso wie bei der Warmwasserheizung kann man auch bei der Niederdruckdampfheizung die Anlagen mit unterer Verteilung ausführen.

Dampf ist leichter als Luft. Er wird folglich den oberen Teil der Heizkörper erfüllen und die Luft nach unten verdrängen. Die Heizkörper haben deshalb, wenn sie nicht ganz mit Dampf gefüllt sind, oben die volle Dampfwärme von 100° und bleiben unten kalt. Sie haben also nicht die milde Wärme der Warmwasserheizung, und es tritt die unerwünschte Staubverschwelung ein. Die Größe der heißen Fläche eines Heizkörpers richtet sich nach der zufließenden Dampfmenge. Zur Beseitigung dieses Übelstandes führten Gebr. Körting das Luftumwälzungsverfahren ein. Man läßt den Dampf von unten durch ein Verteilungsrohr mit Düsen in die einzelnen Glieder des Heizkörpers eintreten, so daß die Luft in Bewegung gesetzt wird. Dadurch entsteht ein Dampfluftgemisch, dessen Temperatur je nach der Menge des zugesetzten Dampfes wechselt. Die Heizkörper erhalten eine noch gleichmäßiger erwärmte Oberfläche als bei der Warmwasserheizung.

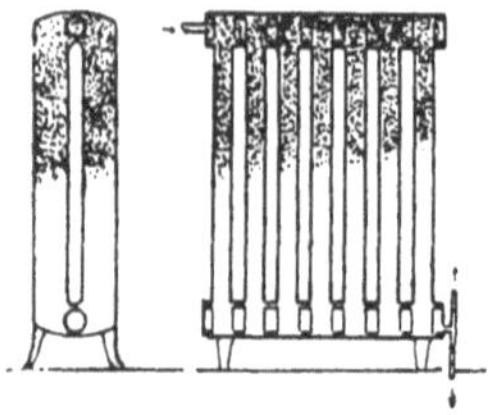

Abb. 15. Heizkörper ohne Luftumwälzung.

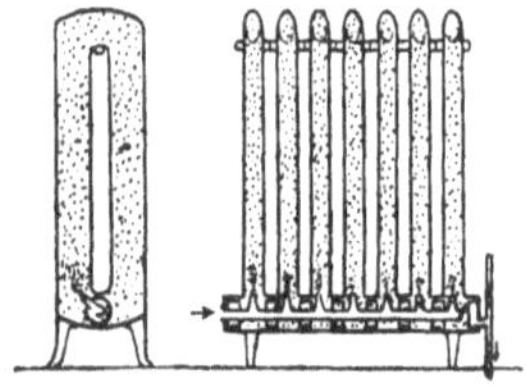

Abb. 16. Heizkörper mit Luftumwälzung.

Abb. 15 zeigt die Schichtung von Dampf und Luft im Heizkörper einer gewöhnlichen Niederdruckdampfheizung. Der punktierte Teil ist mit Dampf gefüllt und heiß, der darunter befindliche kalt. Abb. 16 stellt dagegen das Luftumwälzungsverfahren mit dem gleichmäßigen Dampfluftgemisch dar. Dieser wertvollen Verbesserung hat häufig die verdiente Anerkennung gefehlt. Mögen anfänglich die darauf ruhenden Patentrechte die Einführung beeinträchtigt haben, so ist dieser Grund längst fortgefallen und es ist nicht zu verstehen, daß man so häufig den großen Mangel der auf Dampftemperatur erhitzten Heizkörperoberflächen bestehen läßt, den man auf so einfache Weise beseitigen kann.

Wie erwähnt, wird durch den Dampf die überschüssige Luft aus den Heizkörpern herausgetrieben und sie tritt wieder ein, wenn der Dampfzufluß verringert wird oder ganz aufhört. Daher lag die Befürchtung nahe, daß die Rohre innen schnell verrosten würden. Die Erfahrung hat jedoch gelehrt, daß, so lange die Rohrleitungen aus Schweißeisen hergestellt wurden, innere Rostschäden so gut wie unbekannt waren. Einrichtungen, die den Eintritt der frischen Luft verhindern sollten, indem man sog. geschlossene Anlagen herstellte, erwiesen sich als überflüssig und man ging allgemein an den

„offenen“ Anlagen über. Seitdem an die Stelle des Schweißeisens das Flußstahl getreten ist, ist das anders geworden. Es haben sich innere Verrostungen gezeigt, denen besondere Aufmerksamkeit geschenkt werden muß. Die Rückkehr zu den geschlossenen Anlagen würde die Gefahren beseitigen. Es muß aber für einen widerstandslosen Verkehr der Luft in und aus den Anlagen gesorgt werden, wenn die Wirtschaftlichkeit nicht leiden soll.

Ebenso muß für gute Rückführung des Niederschlagwassers gesorgt werden. Die Rücklaufleitung kann entweder „naß“ oder „trocken“ verlegt werden, je nachdem sie über oder unter dem Wasserstand des Kessels liegt. Dabei ist zu berücksichtigen, daß der Wasserstand in der Rücklaufleitung wie in einem Standrohr, dem Kesseldruck entsprechend, höher steht als im Kessel. Wird die Rücklaufleitung trocken verlegt, so muß sie so angeordnet werden, daß sie noch über diesem höchsten Wasserstande liegt und nicht wechselnd trocken und naß arbeitet. Außerdem ist dafür zu sorgen, daß sich keine „Schlammsäcke“ in der Leitung bilden können, also stets ein gleichmäßiges Gefälle zum Kessel vorhanden ist.

In Niederdruckdampfheizungen kommt man mit kleineren Heizkörpern und engeren Rohren als bei Warmwasserheizungen aus. Daher sind sie auch billiger als die letzteren.

Selbstverständlich kann man auch Niederdruckdampfheizungen von zentraler Stelle, etwa einem Fabrikdampfkessel oder einer Fernheizungsanlage aus mit Wärme versehen. Dann tritt entweder ein Kessel, in dem mit Hochdruckdampf Niederdruckdampf erzeugt wird, an die Stelle des mit Brennstoff geheizten Kessels oder der Hochdruckdampf wird durch Druckminderventile (Reduzierventile) auf Niederdruck gebracht. Der erstere Weg kommt dort in Frage, wo die Beschaffenheit des Dampfes Störungen in der Heizung ergeben könnte, z. B. wenn man den Dampf aus Dampfkraftanlagen entnimmt (ölhaltiger Dampf). Meist wird der zweite Weg beschritten, wobei man in der Wahl der Druckminderventile vorsichtig sein muß, da nicht jede Bauart die erforderliche Feinfühligkeit besitzt.

Abschnitt 35. Berechnung der Niederdruckdampfheizungen.

Heizungsplan und Strangzeichnung werden wie in Abschn. 27 beschrieben hergestellt. Mit der Berechnung der Dampfleitung verfährt man ähnlich wie bei der Warmwasserheizung (Abschn. 28). Die Dampfleitung wird derart in einzelne Teilstrecken zerlegt (siehe Abb. 17), daß jedes Stück, das eine bestimmte Wärmemenge fördern muß, eine Teilstrecke wird.

Zur Berechnung der Rohrweiten gibt es verschiedene Verfahren, die ebenso wie bei Warmwasserheizungen, geringere oder größere Genauigkeit ergeben. Für eine gut arbeitende Anlage muß verlangt werden, daß sie genau berechnet wird. Die Verfahren von Fischer und Rietschel, die im Grunde auf gleicher Grundlage beruhen, ergeben brauchbare Werte. Die folgende Rechnungsart, die wie bei einer Warmwasserheizung auf dem Druckabfall aufgebaut ist, ist nach der von Fischer gegebenen gekürzten von Formel 23 (Abschn. 33) durchgeführt. Führt man in

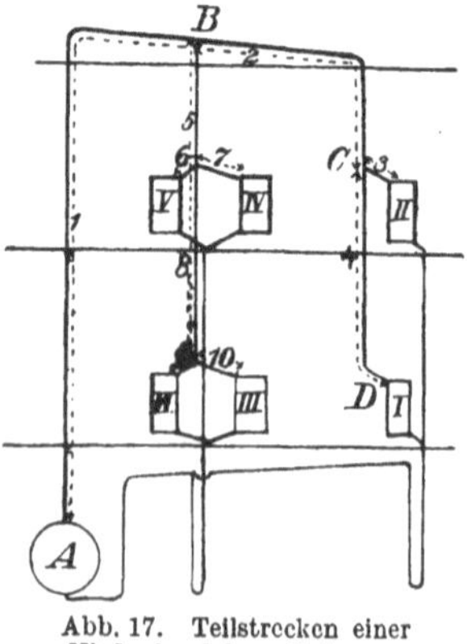

Abb. 17. Teilstrecken einer Niederdruckdampfheizung.

dieser $K = \frac{Q}{w}$ ein und nimmt dabei $w = 530$ an, setzt man ferner $\gamma = 0,6$ (diese Zahlen entsprechen angenähert den in Niederdruckdampfheizungen, vorkommenden Verhältnissen), so wird für eine Rohrlänge $l = 1$ m

$$d = 0{,}1 \sqrt[5]{\frac{Q^2}{(p_1 - p_2)}} \text{ [cm]} \tag{24}$$

p_1 und p_2 müssen zunächst angenommen werden. Die zweckmäßige Wahl dieser Drücke ist für die Regelfähigkeit und Wirtschaftlichkeit der Anlagen von großer Bedeutung.

Die Benutzung der nachfolgenden Zahlentafel 17 führt zu guten Ergebnissen. In dieser ist ein Unterschied gemacht zwischen Anlagen mit und ohne Allgemeinregelung. In der Regel werden die Zahlen der ersten Zahlenreihe benutzt, da nur in Sonderfällen, z. B. Fabriken und Kirchenheizungen die Allgemeinregelung entbehrt werden kann. Unter der Länge des ungünstigsten Dampfstranges ist die Entfernung vom Kessel bis zum weitest abliegenden Heizkörper verstanden.

Zahlentafel 17.
Zweckmäßige Druckverhältnisse bei ND-Heizungen.

Länge des ungünstigsten Dampfstranges	Kesseldruck (p_1) mit Allgemeinregelung	Kesseldruck (p_1) ohne Allgemeinregelung	Druck (p_2) vor dem Heizkörperventil
bis 20 m	300 kg/m²	500 kg/m²	100 kg/m²
,, 30 ,,	400 ,,	700 ,,	150 ,,
,, 40 ,,	500 ,,	900 ,,	200 ,,
,, 50 ,,	600 ,,	1000 ,,	200 ,,
,, 60 ,,	700 ,,	1000 ,,	200 ,,
,, 100 ,,	800 ,,	1000 ,,	200 ,,

Einzelgebäude mit Längen des ungünstigsten Dampfstranges von mehr als 100 m, bei denen Allgemeinregelung erwünscht ist, werden kaum vorkommen.

Bei Anlagen, bei denen die Allgemeinregelung von geringer Bedeutung ist, Fabriken u. dgl. können aber sehr viel längere

Dampfstränge in Frage kommen. Hier kann man sich nach dem „Rietschel“ richten, der

1000 kg/m²	bis	200 m	Rohrlänge
1500 „	„	300 „	„
2000 „	„	500 „	„

angibt.

Bei den in der Zahlentafel angegebenen Drücken vor dem Heizkörper reicht ein Dampfventil

von $^1/_2''$ $^3/_4''$ $1''$

für eine stündliche Wärmemenge des Heizkörpers

von 3500 8000 20000 kcal aus.

Der **zulässige Druckabfall** ist nun durch obige Annahmen festgelegt. Er darf in keinem Teil der Rohrleitung überschritten werden. In Abb. 17 ist offenbar die längste Dampfrohrstrecke die vom Kessel bis zum Heizkörper *I*; sie setzt sich zusammen aus den Teilstrecken 1, 2 und 4. Verteilt man den Druckverlust $p_1 - p_2$ gleichmäßig über die ganze Länge und bezeichnet die Gesamtlänge der Rohrleitung mit l und die Länge der Teilstrecke 1 mit l_1, so ist der verfügbare Druck bei *B*

$$p = p_1 - \frac{(p_1 - p_2)\,l_1}{l} \tag{25}$$

p ist dann der Anfangsdruck, mit dem der Dampf in die Teilstrecken 5, 6, 7, 8, 9 und 10 abströmt. Von dieser Abzweigung bis zum Heizkörper *III* darf dann z. B. der Druckverlust nicht größer als $p - p_2$ sein.

Zur Erleichterung der Rechnung dient die nach der Gleichung 22 aufgestellte Zahlentafel 18 über die Wärmeleistung der Rohrleitung.

Die Benutzung dieser Zahlentafel sei durch ein Beispiel erläutert:

Eine Rohrleitung (Teilstrecke) von 50 m Länge soll stündlich 25000 kcal liefern, der Anfangsdruck p_1 betrage 500 mm WS, der Enddruck 200 mm WS. Dann darf der Druckabfall auf 1 m Rohrlänge nicht größer als $\frac{500-200}{50} = 6$ mm WS sein. Nach der Zahlentafel liefert ein Rohr von 2″ stündlich bei diesem Druckabfall 39290 kcal, von 1½″ nur 22640 kcal. Dieses ist also zu eng, jenes aber reichlich weit, denn in der Tat wird bei einem solchen Rohr, wenn es nur 25000 kcal liefern soll, der Druckverlust für 1 m Rohrlänge nur 3 mm WS sein; es würden am Ende des Rohres nicht 200 sondern 350 mm WS Druck verfügbar bleiben. Bei solchem Überschuß hilft man sich dadurch, daß man der Rohrleitung zwei Abmessungen gibt. Wählt man z. B. auf 35 m Länge 2″ Leitung, so verliert man in dieser $3 \cdot 35 = 105$ mm WS, immerhin noch mit einem gewissen Überschuß, den man aber bestehen läßt, denn bei 3 mm liefert das Rohr 27780 kcal statt der gewünschten 25000 kcal. Den Rest des Rohres, also 15 m, macht man aus 1½″ Rohren. Man hat noch zur Verfügung 300—105 = 195 mm WS, also für 1 m 13 mm. Bei diesem führt das Rohr laut Zahlentafel 33320 kcal, es ist also auch hier noch ein Überschuß vorhanden.

Durch sinngemäße Anwendung dieser Rechnungsweise läßt sich jeder beliebige Genauigkeitsgrad erzielen. Es empfiehlt sich, den Druckverlust etwas größer, als er tatsächlich zu sein braucht, anzunehmen, um die Vernachlässigung der einmaligen Widerstände, die in den Teilstrecken immer nur sehr gering sind, auszugleichen. Den Einfluß etwa verwendeter Wärmeschutzmassen auf den Rohrleitungen pflegt man bei diesen Berechnungen zu vernachlässigen.

Den Durchmesser der Ableitung für das entstehende Niederschlagwasser nimmt man bei waagerechter Rohrlage 0,7, bei senkrechter Lage 0,5 mal so groß wie den der zugehörigen Dampfrohre, doch geht man ungern unter eine Rohrweite von ½″, (14,75 mm).

Die Zahlentafel zeigt Abweichungen gegenüber der im Rietschel. Nach ihr sind aber zahlreiche Anlagen ausgeführt, die durchaus den Voraussetzungen entsprochen haben; sie wurde deshalb beibehalten.

Zahlentafel 18.

Stündliche Wärmelieferung in kcal der Rohr-
bei verschiedenem Druck-

Druckabfall in mm WS	Rohrweite in mm 11,25 ($^3/_8$″)	14,75 ($^1/_2$″)	19,75 ($^3/_4$″)	25,5 (1″)	34,25 ($1^1/_4$″)	39,75 ($1^1/_2$″)	51 (2″)	58
1	400	755	1686	3094	6352	9241	16040	24250
2	504	951	2125	3900	8006	11650	20220	33130
3	693	1307	2920	5360	11000	16010	27780	42490
4	800	1507	3372	6184	12700	18480	32080	49060
5	895	1687	3769	6919	14200	20660	35870	54850
6	980	1848	4129	7597	15560	22640	39290	60080
7	1058	1996	4460	8187	16810	24450	42440	64900
8	1131	2134	4768	8752	17970	26080	45370	69380
9	1200	2263	5057	9283	19060	27720	48120	73580
10	1265	2386	5331	9785	20090	29220	50730	77570
11	1328	2504	5594	10510	21080	30660	53230	81400
12	1368	2613	5840	10720	22000	32010	55570	84970
13	1442	2720	6078	11160	22900	33320	57840	88440
14	1497	2823	6307	11580	23770	34420	60020	91780
15	1549	2922	6529	11980	24600	35790	62130	94890
20	1789	3374	7539	13840	28410	41330	71740	109700
25	2000	3772	8429	15470	31760	46200	80210	122600
30	2191	4132	9233	16950	35010	50610	87860	134300
35	2367	4464	9973	18310	37580	54670	94900	145100
40	2530	4772	10660	19570	40170	58450	101500	155100
45	2659	4946	11200	20570	42240	61420	106600	164500
50	2829	5310	11920	21880	44920	65340	113400	173400
55	2967	5595	12500	22950	47110	68530	119000	181900
60	3099	5844	13060	23970	49200	71580	124200	190000
65	3225	6082	13500	24950	51210	74500	129300	197700
70	3347	6312	14100	25890	53150	77320	134200	205200
80	3578	6748	15080	27680	56810	82650	143500	219400
90	3795	7157	15990	29700	60260	87670	152200	232600
100	4000	7545	16860	30940	63520	92410	160400	245300

Abschnitt 36. Abwärmeheizung.

Hierher gehören vor allem die Abdampfheizungen. Sie sind in gewöhnlicher Weise ausgeführte Dampfheizungsanlagen, die nicht an eine eigene Kesselanlage angeschlossen sind, sondern als Heizmittel vorher zur Krafterzeugung ausgenutzten Dampf aus der Abdampfleitung einer Kraftanlage entnehmen. Man wählt den Druck des zugeführten Dampfes so niedrig, wie es der Betrieb der Anlage eben noch zuläßt, da

leitungen von Niederdruckheizungen
abfall auf 1 m Rohrlänge.

Rohrweite in mm						
70	82,5	94,5	109	119	131	143
41000	62770	86700	117000	154500	196300	244400
57980	88760	122700	165400	223400	277600	345600
71010	108700	150200	202600	267400	340000	423200
81990	125500	173500	234000	308700	392500	488700
91670	143000	194000	261500	345200	438900	564400
100400	153700	212500	287200	378100	480800	598600
108000	166000	229500	309500	408400	519300	646500
115900	177500	245400	330800	436600	555200	691200
123000	188300	260200	351000	463100	588800	733100
129600	196900	274300	369900	488100	620700	772700
136000	208300	287700	387900	512000	651000	810400
142000	217400	300500	405200	534800	679900	846500
147800	226300	312800	421700	556600	707700	881100
153400	234800	324600	437700	577600	734400	916400
158700	243100	336000	453000	597900	760200	946400
183300	280700	388100	523000	690400	877800	1093000
205000	313800	433700	585000	771800	981400	1222000
224500	343700	475200	640700	845500	1075000	1338000
242500	367100	513200	692000	913300	1161000	1446000
259300	397000	548600	739800	976300	1241000	1545000
275000	421000	581900	784600	1035000	1317000	1639000
289900	443800	613400	827100	1092000	1388000	1728000
304000	465400	643300	867400	1145000	1455000	1812000
317600	486100	671900	906000	1196000	1520000	1893000
330500	506000	699400	943000	1245000	1582000	1970000
343000	525100	725800	978600	1292000	1642000	2045000
366700	561400	776000	1046000	1381000	1755000	2186000
388900	595400	823000	1110000	1464000	1862000	2318000
410000	627700	867000	1170000	1543700	1963000	2444000

jedes Druckgefälle des Dampfes, das nicht in der Maschinenanlage ausgenutzt wird, für diese eine Verminderung der Leistung bedeutet. Die Berechnung derartiger Heizanlagen wird genau so durchgeführt wie die der gewöhnlichen Hoch- oder Niederdruckdampfheizungen und richtet sich nach dem Druck und der Temperatur des Abdampfes.

Gewisse Schwierigkeiten ergeben sich für eine wirtschaftliche Betriebsführung daraus, daß meist der Wärmebedarf für

Heizzwecke sowohl zeitlich wie auch mengenmäßig nicht mit der anfallenden Wärmemenge übereinstimmt. Man muß daher gegebenenfalls mit Wärmeverlusten der Gesamtanlage rechnen, wenn es nicht gelingt, den z. B. außerhalb der Heizzeit freiwerdenden Dampf anderweitig auszunutzen.

Um den Unterschied zwischen der verfügbaren Wärmemenge des Abdampfes und dem Bedarf der Heizungsanlagen tunlichst auszugleichen, ist man in den letzten Jahren vielfach dazu übergegangen, durch mit Speicherräumen verbundene Wärmeaustauscher die Wärme des Dampfes als Heißwasser aufzuspeichern. Die Heizungsanlagen selbst werden dabei als Warmwasserheizungen ausgeführt.

Es würde im Rahmen dieser Arbeit zu weit führen, wollte man alle sich aus der in beinahe jedem Fall anderen Lage der Verhältnisse ergebenden Möglichkeiten der Ausnutzung des Abdampfes zu Heizungszwecken anführen. Erwähnt sei, daß man heute neuzeitliche Dampfkraftmaschinen häufig derart ausbildet, daß man den Dampf nicht nur als Abdampf, sondern auch zwischen den einzelnen Stufen der Kraftmaschine entnehmen kann. Man spricht dann von Anzapf- oder Zwischendampfheizungen.

Weitere Arten der Abwärmeheizungen sind solche, die die sonstige in einem Betriebe anfallende Abwärme, z. B. die des Kühlwassers oder der Abgase von Dieselmotoren oder die einer technischen Ofenanlage (Schmelzofen u. dergl.), ausnutzen.

Abschnitt 37. Warmwasserversorgung.

Heutzutage ist die Möglichkeit, jederzeit warmes Gebrauchswasser im Haushalt zur Verfügung zu haben, ein in weiten Kreisen empfundener Wunsch. Bei den Einrichtungen zur Erzeugung warmen Wassers unterscheidet man zwischen zentralen Warmwasserbereitungsanlagen und solchen mit sog. Durchlauferhitzern.

In den **Durchlauferhitzern** wird jeweils das Wasser unmittelbar vor dem Gebrauch in der benötigten Menge erwärmt. Sie wirken derart, daß in die Zuleitung ein meist mit Gas beheizter Heizkörper in Gestalt eines Heizmantels oder einer Heizschlange eingeschaltet ist, der nur so lange betrieben wird, wie warmes Wasser entnommen wird. (Beispiel: Gasbadeofen). Abgesehen von einigen Sonderfällen sind derartige Anlagen meistens nur für eine oder wenige dicht nebeneinanderliegende Zapfstellen ausgebildet.

Will man aber nicht auf wenige Zapfstellen angewiesen sein, sondern in Küchen, Badezimmern, Schlafzimmern u. dergl. ständig warmes Wasser zur Verfügung haben, so muß man zur **zentralen Warmwasserversorgung** übergehen. Da diese Anlagen zumeist mit der Zentralheizung in Verbindung stehen und stets zum Aufgabengebiet des Heizungsfachmannes gehören, sollen sie im folgenden kurz in ihren Grundzügen behandelt werden.

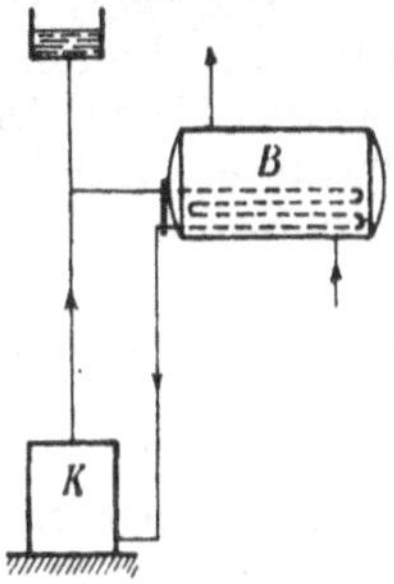

Abb. 18 Anordnung einer Warmwasserbereitungsanlage.

Das warme Wasser darf **niemals** den Heizungen selbst entnommen werden, da sich bei dem dadurch notwendigen Nachspeisen frischen Wassers in den Heizkesseln Kesselstein absetzen würde, der schnell zur Beeinträchtigung der Leistung und schließlich Zerstörung des Kessels führt. Auf diese Gefahr sei hier deswegen besonders hingewiesen, weil man vielfach in Häusern ohne Warmwasserversorgung die Unsitte antrifft, daß warmes Gebrauchswasser den Heizkesseln entnommen wird.

Die Warmwasserbereitung (Abb. 18) erfolgt deshalb auf mittelbarem Wege in einem an die Kesselanlage K angeschlossenen **Wärmeaustauscher** (**Boiler**) B. Dieser dient zur Erwärmung und zur Speicherung des Warmwassers. Er besteht aus einem zylindrischen Gefäß, das mit einem Heizmantel oder einer Heizschlange versehen ist. Das im Heizkessel erwärmte Heizmittel, heißes Wasser oder Dampf, gibt seine Wärme an das Gebrauchswasser ab und kehrt im Rücklauf in den Kessel zurück, der gleiche Vorgang, wie bei einer Warmwasserheizung. Die Wahl der Größe des Boilers ist Erfahrungssache; empfohlen wird eine Bemessung nach der Zahl der an die Warmwasserversorgung angeschlossenen Badewannen.

Man wählt zweckmäßig für	1—2	3—4	5—6	7—8	9—10 Badew.
einen Boilerinhalt von	400	500	800	1000	1250 Liter

Besonderer Wert ist auf einen guten Wärmeschutz und auf gute Korrosionsbeständigkeit (Rostbeständigkeit) des Boilers zu legen. Diese wird vor allem durch Wahl geeigneter Werkstoffe (gut verzinktes Eisen, besser Kupfer), durch möglichst glatte Innenflächen und durch geeigneten Anstrich (Zementmilch, Brauerlack) erreicht. Damit bei umfangreichen Verteilungsleitungen an den Zapfstellen möglichst bald warmes Wasser ausfließt, werden vielfach die Anlagen derart ausgeführt, daß in den Hauptverteilungsleitungen ein Umlauf infolge des Schwereunterschiedes zwischen dem im Boiler erwärmten und dem durch Stehen in den Leitungen sich abkühlenden Wassers entsteht.

Die Warmwasserbereitungsanlage wird meist an den Kessel der Zentralheizung angeschlossen. Da aber der Wärmebedarf zur Warmwassererzeugung nur einen Bruchteil desjenigen für die Heizung ausmacht, ist es in den meisten Fällen unzweckmäßig, den großen Heizkessel über Sommer in Betrieb zu halten. Man stellt deshalb einen kleineren Kessel für die Warmwasserbereitung ein. Es gibt allerdings heute auch Kessel, die beide Betriebsweisen wirtschaftlich miteinander vereinigen (vgl. Bd. 2).

Nach Eintritt der Heizperiode setzt man den sog. „Sommerkessel" still und schließt den Boiler an die Zentralheizung an, wobei allerdings zu berücksichtigen ist, daß in den Übergangszeiten infolge der geringeren Kesseltemperaturen eine ungenügende Erwärmung des Gebrauchswassers die Folge sein kann.

Bildet man die Anlage so aus, daß es in beschränktem Umfange möglich ist, vom Warmwasserbereitungskessel (Sommerkessel) aus die Heizung zu betreiben und hält diesen während der Übergangszeit in Betrieb, so füllt man damit eine Lücke aus, indem man einige wichtige Wohnräume heizen kann, ohne die gesamte Anlage in Betrieb nehmen zu müssen.

Die Temperatur des Warmwassers soll etwa bei 50 bis 60° liegen. Diese Temperatur reicht für Spülzwecke und für die Waschküche aus, bleibt aber unter der Grenze, oberhalb der sich die im Wasser enthaltenen Mineralien auszuscheiden beginnen, die als Kesselsteinansatz oder Schlamm die Wirkungsweise der Anlage vermindern. Man muß deshalb beim Anschluß an Dampfheizungen durch Einbau eines Reglers dafür sorgen, daß die Temperatur von 60° nicht überschritten wird.

Verlangt man, z. B. in Gasthofküchen, höhere Temperaturen (70 bis 85°), so muß man die Kalkausscheidungen in Kauf nehmen und für oftmalige Reinigung der Anlage sorgen.

Der Wärmebedarf einer Warmwasserbereitungsanlage ist:

$$W = l\,(t_w - t_a), \tag{26}$$

hierin ist l = die stündlich zu erwärmende Wassermenge gleich annähernd 2× Boilerinhalt,
t_w = Temperatur des Warmwassers,
t_a = Temperatur des Frischwassers.

Bei Errichtung der Warmwasserbereitungsanlage sind die Vorschriften der Wasserwerke zu beachten. Manche gestatten den unmittelbaren Anschluß der Anlage an das Leitungsnetz; die Anlage steht somit unter dem Wasserleitungsdruck. Dann sind ein Rückschlagventil in der Kaltwasserleitung und ein Sicherheitsventil auf dem Boiler erforderlich. Andere Werke verlangen die Vorschaltung eines Schwimmkugelgefäßes, das höher aufgestellt wird als die höchste Zapfstelle. Dann ist der höchste Druck, der in der Anlage auftritt, durch die Höhe des Gefäßes über den Boiler gegeben. Dieses Schwimmkugelgefäß, das den Zufluß zum Boiler selbsttätig regelt, bildet dann zugleich das Ausdehnungsgefäß der Anlage. Damit wird auch gleichzeitig eine Verminderung der Verrostungserscheinungen durch die Entlüftung des Wassers erreicht.

Mit Dampf beheizte Warmwasserbereitungsanlagen müssen derart ausgebildet sein, daß der Druck in ihnen nicht über 0,5 atü steigen kann, sonst sind sie genehmigungs- und aufsichtspflichtig.

In letzter Zeit sind Warmwasserbereitungsanlagen entwickelt worden, die die Strömungswege für Heiz- und Gebrauchswasser vertauschen. Das Heizwasser wird in Boilern gespeichert, während das Gebrauchswasser eine in dem Boiler eingebaute Rohrschlange, die ständig unter dem Leitungsdruck steht, durchfließt. Das Verfahren ist wenig empfehlenswert, da als Gebrauchswasservorrat lediglich der geringe Inhalt der Rohrschlange zur Verfügung steht. Wird mehr Warmwasser benötigt, so muß dieses beim Durchfluß erst erwärmt werden. Die Zapftemperatur sinkt daher ab und nähert sich einem Beharrungszustand, der um so niedriger ist, je größer die ausfließende Wassermenge ist. Der Boiler bleibt zwar korrosions- und ablagerungsfrei, Erfahrungen haben aber ergeben, daß bei hartem Wasser die an die Einführung des Verfahrens geknüpfte Erwartung, daß infolge der hohen Durchflußgeschwindigkeit Ablagerungen vermieden werden, nicht zutrifft. Es hat sich gezeigt, daß derartige Schlangen sich rasch zusetzten und, da eine Reinigung praktisch kaum möglich ist, häufig ausgewechselt werden mußten.

IV. Teil.

Die Lüftung.

Abschnitt 38. Allgemeines.

Lüftung eines bewohnten Raumes bedeutet die Erhaltung einer für die sich darin aufhaltenden Menschen geeigneten und zuträglichen Raumluft. Durch die Nutzung eines Raumes wird die darin enthaltene Luft infolge der Ausatmungen und Ausdünstungen der Menschen und durch vielerlei andere Beimengungen, die aus irgendeiner dort ausgeübten Tätigkeit herrühren (Kochdünste, Abgase usw.) verschlechtert und damit zur Atmung untauglich. Sie muß daher ersetzt werden.

Bei der Betrachtung der zuzuführenden Frischluftmengen bzw. der Größe des erforderlichen Luftwechsels, der angibt, wievielmal der Luftinhalt eines Raumes in einer Stunde erneuert werden soll, muß auf das in früheren Abschnitten Gesagte verwiesen werden.

Abschn. 8 enthält Angaben über die Luftmengen, die erforderlich sind, damit in einem mit Menschen besetzten Raum die Lufttemperatur eine bestimmte Höhe nicht überschreitet. Der Abschn. 14 gibt Angaben über den Luftbedarf, wenn als Maßstab der Luftverschlechterung der Kohlensäuregehalt angenommen wird. Abschn. 16 bringt allgemeine Erfahrungswerte über die für verschiedene Raumzwecke gebräuchlichen Luftmengen. Es muß hier noch besonders auf die Abschn. 22 und 23, die die Luftheizung behandeln, verwiesen werden, da die Frage der Luftheizung meist unlösbar mit der Lüftungsfrage verbunden ist.

Im allgemeinen sind besondere Lüftungsanlagen, deren Aufgabe es ist, den Räumen Frischluft zuzuführen, für Wohnräume nicht erforderlich. Die natürliche Durchlässigkeit der Umwandungen und vor allem die unvermeidbaren Undichtigkeiten der Türen und Fenster haben einen ständigen Luftwechsel zur Folge, der in den meisten Fällen genügt. Gegebenenfalls kann die natürliche Lüftung durch Öffnen der Fenster zeitweilig ergänzt werden. Die natürliche Lüftung kann etwa mit $^1/_2$ bis einmaligem Luftwechsel in der Stunde angenommen werden.

Ist ein Raum stärker benutzt, so daß sich nach dem früher Gesagten wesentlich größere Luftwechselzahlen ergeben, so muß man zur künstlichen Lüftung übergehen. Man unterscheidet dabei zwischen einfachen künstlichen Lüftungsanlagen, die lediglich in der Anlage geeigneter Ent- und Belüftungskanäle bestehen, und solchen, bei denen mechanische oder thermische Hilfskräfte benutzt werden müssen, deren Betrieb, kurz gesagt, mit laufenden Aufwendungen verbunden ist.

Eine festliegende Grenze, wo man künstliche Lüftung anwenden muß, gibt es nicht. Jeder einzelne Fall muß gesondert sorgfältig untersucht werden. Aber auch hier sind die Ansichten sehr verschieden. So findet man vielfach Schulen, Genesungsheime, ja selbst Krankenhäuser, bei denen eine andere Lüftung als die durch das geöffnete Fenster für entbehrlich gehalten wird.

Die vollendetste Form der künstlichen Lüftungsanlagen sind diejenigen, die nicht nur den erforderlichen Luftwechsel bewirken, sondern auch den jeweiligen Zustand der Luft (Feuchtigkeitsgrad und Temperatur) gleichbleibend halten. Da sie gewissermaßen künstlich bestimmte klimatische Verhältnisse hervorrufen sollen, so nennt man sie Klimaanlagen.

Bei der Anlage einer Lüftungsanlage ist besonders darauf zu achten, daß durch die Bewegung der Luft keine Zugerscheinungen auftreten können. Diese (verbunden mit Kältegefühl) treten dann auf, wenn die einem Raume zugeführte Luft mehr als 3° kälter als die Raumluft ist und eine Geschwindigkeit von mehr als 0,3 m/sec. hat. Wenn man dabei davon ausgeht, daß die ruhende Raumluft etwa 18°, die bewegte 19—20° warm sein muß, um nicht als kühl empfunden zu werden, so ist die Temperatur der zuzuführenden Luft bestimmt. Eine geringere Einströmgeschwindigkeit als 0,3 m/sec ist leicht dadurch zu erreichen, daß man der Luft genügend große Austrittsquerschnitte gibt oder diese so anordnet, daß die Anwesenden nicht von der einströmenden Luft getroffen werden. Die zweckmäßigste Art ist die der Verteilung der austretenden Luft auf viele kleine Öffnungen, eine Forderung, die sich meist gut mit der architektonischen Ausgestaltung vereinen läßt. Die geringe Austrittsgeschwindigkeit bedeutet aber nicht, daß die Geschwindigkeit in den Zuführungskanälen ähnlich niedrig gehalten zu werden braucht, sie muß vielmehr erheblich höher sein, damit die Kanalquerschnitte nicht zu groß werden.

Besondere Beachtung muß auch dem im Abschn. 15 näher behandelten Feuchtigkeitsgehalt der Luft geschenkt werden. Bei Beachtung der dort angegebenen Werte kann sich die Möglichkeit ergeben, daß man die zuzuführende Luft trocknen oder anfeuchten muß. Infolge der Abhängigkeit des Feuchtigkeitsgehaltes der Luft von ihrer Temperatur ist ein Trocknen der Luft nur auf chemischem Wege oder durch eine sehr starke Unterkühlung und spätere Wiederaufwärmung auf den gewünschten Wert möglich.

Ganz allgemein kann gesagt werden, daß in überfüllten Räumen die zugeführte Luft kühler und trockner als die Raumluft sein muß, sonst entstehen bei den Insassen Unbehagen und schädliche Wärmestauungen.

Unter Berücksichtigung der Nutzungsart der Räume muß für jede Lüftungsanlage die höchste und niedrigste Außentemperatur festgelegt werden, bei der die Anlage noch ihre volle Leistung abgeben soll.

Bei Anlagen, die jederzeit, also auch im Sommer, voll betriebsfähig sein müssen (Theater, Versammlungsräume und Krankenhäuser), nimmt man als höchste Außentemperatur + 25° an. Soll nur während der Heizzeit volle Lüftung erzielt werden, so ist mit + 10° zu rechnen (Schulen, Wirtschaftsräume, kleinere Theater und Versammlungssäle, Schalterräume u. dgl.). Bei künstlich belüfteten Wohnräumen und gering besetzten Geschäftsräumen genügt eine Annahme von etwa + 5°. Diese höchsten Außentemperaturen sind für die Berechnung der Kanalquerschnitte zugrunde zu legen, sofern die Räume nicht gleichzeitig durch die einzuführende Luft erwärmt werden (Luftheizung).

Für die Berechnung der zur Aufwärmung der Frischluft erforderlichen Heizkörper ist die niedrigste Außentemperatur maßgebend. Da bei starker Kälte eine Einschränkung des Luftwechsels zulässig ist, nimmt man als niedrigste Temperatur, bei der der volle Luftwechsel noch vorhanden sein soll, etwa — 5° an. Wenn man auch bei größerer Kälte den vollen Luftwechsel beibehalten will, so sind, wie bei den Luftheizungen, die Außentemperaturen anzunehmen, die der Heizungsberechnung zugrunde liegen.

Soll die Luft in der Sommerzeit gekühlt werden, so muß man sie durch kaltes Wasser, oder wenn dieses nicht zur Verfügung steht, durch Kältemaschinen kühlen. Da derartige Maschinen in Anlage und Betrieb sehr kostspielig sind, hat man sie bisher in Deutschland nur vereinzelt ausgeführt, wogegen sie in den Verein. Staaten, wohl in Hinsicht auf die stärker auftretenden Temperaturunterschiede, sehr verbreitet sind und sogar in Eisenbahnen und Autobussen verwendet werden. Da im Hochsommer oftmals Abkühlungen um wenige Grad, ja eine Luftbewegung schon wohltuend wirkt, genügt häufig schon die Entnahme der Luft von einer kühlen und schattigen Stelle.

Lüftungsanlagen müssen so eingerichtet sein, daß sie stets einwandfrei zu reinigen sind. Man findet sehr häufig Anlagen, die versagen, weil sie völlig verschmutzt und vernachlässigt sind, andererseits werden Lüftungsanlagen außer Betrieb gesetzt, weil man die Betriebskosten sparen will. Man darf deshalb dem Lüftungsfachmann nicht immer die Schuld geben, wenn über die Lüftung geklagt wird. Man soll ihn aber möglichst frühzeitig bei der Planung eines Gebäudes hinzuziehen, damit geeignete Maßnahmen getroffen werden, die eine gute, ausreichende und billig arbeitende Lüftung tunlichst ohne besondere Hilfsmittel, nur durch bauliche Gestaltung, ermöglichen. So sollte z. B. bei Küchen und Aborten stets darauf geachtet werden, daß sie einwandfrei nach außen entlüftet werden können oder unter Unterdruck stehen, damit anliegende Räume keine Beeinträchtigung erfahren. Viel zu wenig wird auch darauf gesehen, daß Treppenhäuser als Abzugsschächte für die unteren Stockwerke dienen und den oberen schlechte Luft zuführen können. Deshalb sollen in den unteren Stockwerken tunlichst keine unmittelbaren Türen in Räume, in denen schlechte Luft entstehen kann, einmünden. Ebenso sollen auch kleine und kleinste Wohnungen so angeordnet werden, daß in allen bewohnten Räumen Durchzug hergestellt werden kann, sonst ist unter Umständen in der heißen Jahreszeit überhaupt keine Lüftung möglich. Ein kennzeichnendes Beispiel hierfür ist der sog. „Berliner Wohnungsgrundriß", bei dem meist die zum Hof gelegenen Räume nur unvollkommen gelüftet werden können.

Abschnitt 39. Natürliche Lüftung.

Wird ein allseitig geschlossener Raum höher als die umgebende Außenluft erwärmt, so entstehen in diesem die in Abb. 19 dargestellten Druckverhältnisse. Die erwärmte Luft steigt infolge ihres geringeren spezifischen Gewichtes nach oben und erzeugt auf die Umwandungen einen mit der Höhe wachsenden Überdruck. Dadurch entsteht im unteren Teil ein Unterdruck, der am Fußboden am größten ist. Dazwischen bildet sich eine drucklose (neutrale) Zone.

Da die Umwandungen, besonders die Fenster, stets durchlässig sind, entsteht infolge dieser Druckverhältnisse in den oberen Zonen des Raumes ein Abströmen warmer Luft, während unten kalte Luft von außen eindringt. Man kann annehmen, daß sich bei geschlossenen Fenstern der Luftinhalt eines Raumes etwa $^1/_2$ bis einmal stündlich erneuert. Dabei ist jedoch die Höhe dieses Luftwechsels vom Temperaturunterschied zwischen innen und außen abhängig; er steigt mit größerem Unterschied.

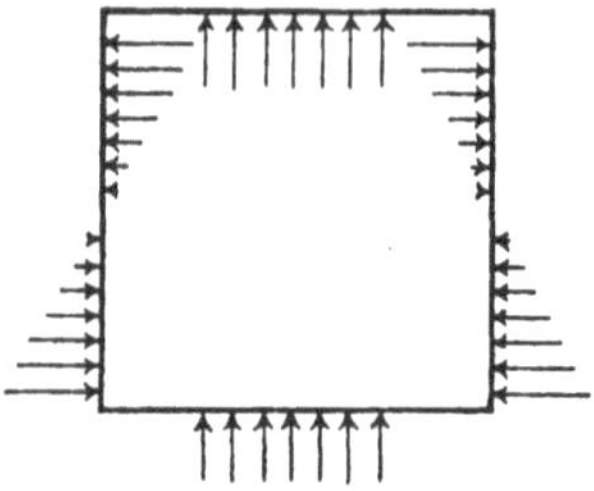

Abb. 19. Druckverteilung in einem erwärmten Raume.

Hieraus erklärt sich auch die an kalten Tagen besonders hervortretende Tatsache, daß sich in beheizten Räumen auch ohne Öffnen der Fenster eine brauchbare Luft erhält. Wie schon erwähnt, kann man die natürliche Lüftung durch Öffnen der Fenster ergänzen. Man wird dann, falls das Fenster nicht zu klein ist, im unteren Teil desselben ein Eintreten kalter Luft und im oberen ein Austreten warmer Luft beobachten.

Liegt das Fenster sehr hoch in dem Raum (Oberlicht), so wird dadurch nur warme Luft entweichen; der Luftausgleich findet also durch die Umwandungen statt. Daß bei höheren Außentemperaturen die einfache Fensterlüftung fast wirkungslos wird, wenn man keinen Durchzug herstellen kann, ist klar.

Ebenso kann starker Windanfall zeitweilig die natürliche Druckverteilung und Lüftung erheblich stören. Soll also ein ausreichender Luftwechsel jederzeit gewährleistet sein, so muß künstliche Lüftung vorgesehen werden.

Abschnitt 40. Künstliche Lüftung.

Die einfachste Form der künstlichen Lüftung sind einfache Abluftkanäle, die mit dem oberen Teile des Raumes in Verbindung stehen und über Dach ins Freie führen oder im Dachboden ausmünden (vgl. Abb. 20). Sie werden meist als gemauerte Schächte in die Wände gelegt, häufig aber auch aus Eisenblech hergestellt. Ihre Wirkung beruht, wie bei

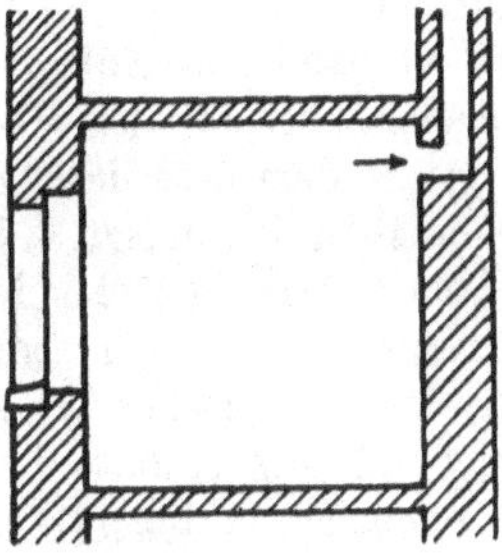

Abb. 20. Abluftkanal.

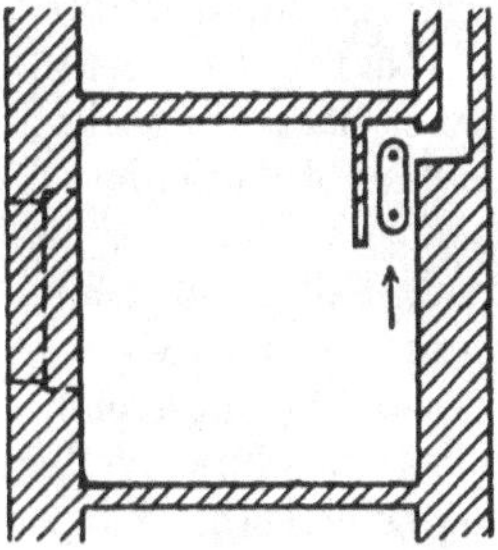

Abb. 21. Erwärmung der Abluft durch Heizkörper.

einem Schornstein, auf dem durch den Gewichtsunterschied zwischen der warmen Abluft und der kälteren Außenluft hervorgerufenen Auftrieb. Daraus folgt, daß sie dann versagen, wenn kein Temperaturgefälle zwischen der Innen- und Außenluft mehr vorhanden ist.

Wie bereits erwähnt, muß bei der Errichtung von Treppenhäusern darauf geachtet werden, daß diese nicht in unerwünschter Weise als Abluftkanäle wirken.

Will man die Wirkung der Abluftkanäle auf alle Fälle sichern, so muß man in Zeiten mangelnden Temperaturunterschiedes zwischen Raum- und Außenluft zur Schaffung eines künstlichen Auftriebes übergehen. Das kann in einfacher Weise durch Erwärmung der abströmenden Luft über die Außentemperatur geschehen. Man bringt am unteren Ende des Abluftkanales eine Wärmequelle (Gasflamme, Lockfeuer oder Zentralheizungskörper) an (Abb. 21). Die von dieser abgegebene Wärme geht allerdings zu Heizzwecken verloren. Der Betrieb verursacht also Unkosten, deshalb sind derartige Anlagen, ebenso wie die mit einem mechanisch angetriebenen Saugventilator, meist nicht sehr beliebt und werden dort, wo sie vorhanden sind, nur ungern in Betrieb genommen.

Viel zu wenig verbreitet ist heute noch die Verwendung der Wärmeausstrahlung eines vorhandenen Schornsteins, etwa eines Heizungs- oder Küchenschornsteins zur Schaffung des erforderlichen Auftriebes, indem man den Abluftkanal neben oder um den Schornstein herumlegt. In diesem Fall stellt man den im Abluftkanal freistehenden Schornstein aus eisernen oder tönernen Rohren her, oder verwendet für die Trennwand Platten aus den gleichen Werkstoffen, um durch größeren Wärmedurchgang erhöhte Leistung zu erzielen. Man sollte dieses einfache und billige Verfahren überall, wo es nur möglich ist, anwenden.

Ein viel beschrittener Weg zur Erhöhung der Leistung, ohne daß dadurch laufende Unkosten entstehen, ist auch das Aufsetzen einer sog. Windhaube (auch Saugkopf genannt) auf die Mündung des Abluftkanals. Der Grundgedanke dieser Windhauben, die in den verschiedensten Formen ausgeführt werden (vgl. Bd. 2), ist die Ausnutzung der Windkraft zur Luftabsaugung. Natürlich arbeiten sie nicht, wenn keine Luftströmung vorhanden ist. Dieser Fall tritt aber kaum ein, da völlig windstille Tage sehr selten sind.

Alle diese Lüftungseinrichtungen können aber nicht einwandfrei arbeiten, wenn nicht dafür gesorgt wird, daß sich die abgeführte Luft ohne große Widerstände in den Räumen ersetzen kann. Sonst kann der Fall eintreten, daß die erzeugte Auftriebskraft durch diese Widerstände verbraucht wird und keine Lüftung erfolgt. Die natürliche Durchlässigkeit der Umwandungen reicht dazu nicht immer aus. Zweckmäßig werden deshalb durch Klappen verschließbare Eintrittsöffnungen in etwa der gleichen Größe wie die Abluftöffnungen vorgesehen. Dabei ist aber darauf zu achten, daß nicht die bereits erwähnten Zugerscheinungen eintreten können. Wird die Ersatzluft aus dem Freien genommen, so ist es erforderlich, sie in der kalten Jahreszeit vorzuwärmen. Man hat zu diesem Zweck vorgeschlagen und auch ausgeführt, die Öffnungen für den Lufteintritt hinter den unter den Fenstern aufgestellten Heizkörpern anzubringen. Sie sind aber nicht sonderlich beliebt. Die Öffnungen in den Außenwänden wirken unschön, auch wenn sie vergittert werden. Sie verschmutzen leicht infolge des eintretenden Staubes und können nur schwer gereinigt werden. Sie müssen auch absperrbar sein und die dazu dienenden Klappen und Absperrschieber nehmen oft unter dem Einfluß von Wind und Wetter Schaden. Deshalb findet man sie häufig in völlig unbrauchbarem Zustand.

Eine zweckmäßige Art dieser Lüftung hat Dr. Arnoldt vorgeschlagen (Abb. 22). Sie ist besonders für Schul- und Amtszimmer geeignet. Der Raum hat Doppelfenster. Das äußere Fenster hat unten einen (verschließbaren) Schlitz, das Innenfenster ist mit einem oberen Kippflügel mit Seitenblechen (Schikanen) versehen. Der Heizkörper steht unter dem Fenster, so daß sich der von diesem aufsteigende Luftstrom mit der eintretenden kalten Luft mischen kann und sich eine brauchbare Raumtemperatur ergibt. Der Überschuß wird durch den Abluftkanal entfernt.

Eine andere häufig zu findende Anwendung von Heizkörpern zur Zuführung erwärmter Luft in dem betreffenden Raum zeigt Abb. 23. Die Luft wird einem tiefergelegenen Raum entnommen und an dem Vorwärmheizkörper vorbeigeführt. Der Abluftkanal ist (gestrichelt dargestellt) bis zum Fußboden heruntergeführt und hat dort eine zweite Öffnung. Je nachdem man die Abschlußklappen der Öffnungen einstellt, kann warme Luft aus dem oberen

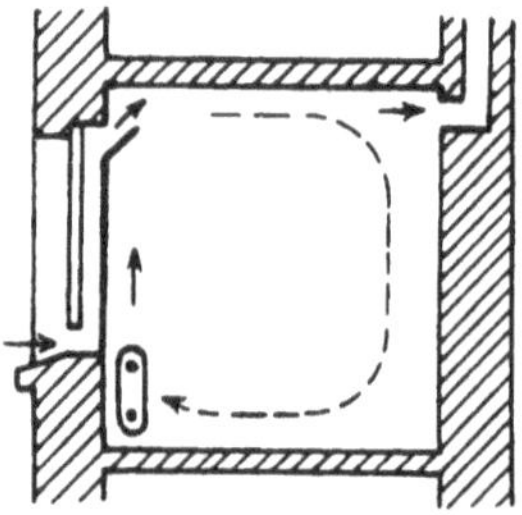

Abb. 22. Raumlüftung durch Doppelfenster nach Dr. Arnoldt.

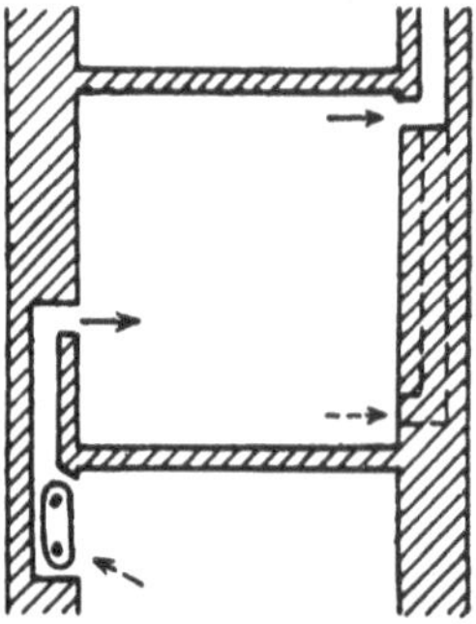

Abb. 23. Lüftungsanlage mit vorgewärmter Luft.

Teil oder kältere aus dem unteren entfernt werden. Durch Einstellung der Öffnungen kann man die Raumtemperatur auf diese Weise regeln. Es möge hier noch darauf hingewiesen werden, daß durch diese Lüftung in dem Raum Überdruck entsteht, der nicht immer erwünscht ist.

Abschnitt 41. Künstliche Lüftung mit Kraftbetrieb.

Mit den im vorigen Abschnitt beschriebenen Anlagen kann in sehr vielen Fällen die Lüftungsfrage befriedigend gelöst werden. Handelt es sich aber um Räume, in denen sich viele Menschen längere Zeit aufhalten, z. B. Theater, oder in denen starke Gerüche entstehen, Gaststätten u. dgl., und schließlich solche, in denen gute Luft zur Erhaltung der Leistungsfähigkeit der darin arbeitenden Menschen erforderlich ist, also Büros u. a. m., so sind Lüftungsanlagen mit mechanisch angetriebenen Ventilatoren nicht zu entbehren.

Je nach Lage der Dinge muß man Druck- oder Sauglüftung oder auch beides zusammen anwenden, d. h. man führt frische Luft zu und stellt Überdruck in dem Raume her oder saugt verbrauchte Luft ab und schafft Unterdruck.

Abb. 24 stellt eine Drucklüftung dar, also z.B. für Räume, in denen die Luft nicht übermäßig verschlechtert wird. *V* ist der Ventilator, der die bei *F* aus dem Freien entnommene und im Heizkörper *H* angewärmte Luft durch den Zuluftkanal *Z* in den Raum fördert. Solange der Raum nicht übermäßig benutzt ist, führt man sie nach Einstellen der Klappe *K* durch den Umluftkanal *U* wieder dem Heizkörper zu und schafft sie durch den Ventilator wieder in den Raum. Wird der Raum stärker benutzt und die Luft schlechter, so verstellt man die Klappe *K* und führt die Luft durch den Abluftkanal *A* ins Freie ab.

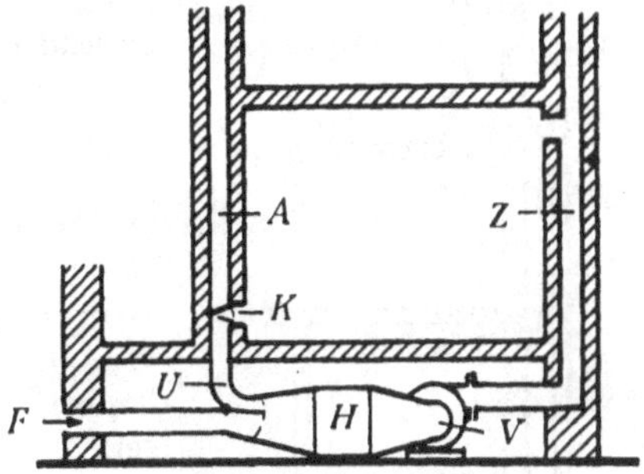

Abb. 24. Drucklüftung mit Kraftbetrieb.

Wird in einem Raum geraucht oder können sich starke Gerüche (Speisedünste) entwickeln, so wird die Drucklüftung durch eine Sauglüftung (Abb. 25) ersetzt. Der

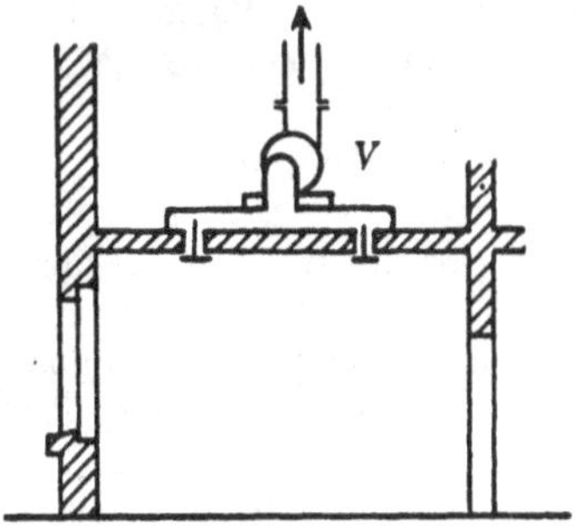

Abb. 25. Sauglüftung mit Kraftbetrieb.

Ventilator V wird so aufgestellt, daß er die verbrauchte Luft durch verschließbare Öffnungen absaugen kann. Bei Räumen mit außergewöhnlich hohem Frischluftbedarf und besonders starker Luftverschlechterung wird man gegebenenfalls sowohl Druck- wie auch Sauglüftung anwenden müssen, um allen Möglichkeiten Rechnung zu tragen.

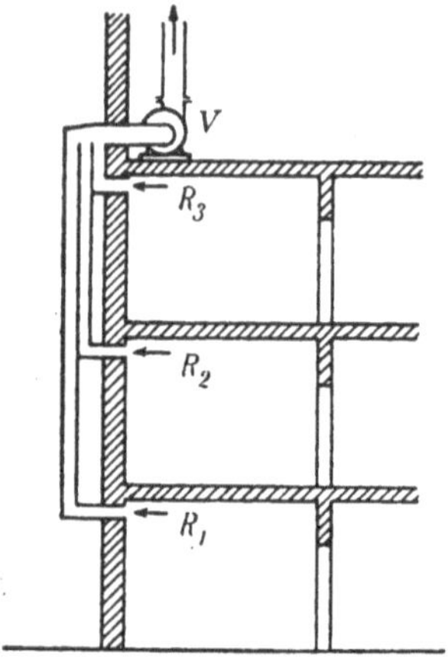

Abb. 26. Sauglüftung für mehrere Räume.

Werden, wie Abb. 26 zeigt, mehrere Räume durch einen gemeinsamen Ventilator entlüftet, so müssen die Abluftkanäle bis über die höchste Abluftöffnung hinaus getrennt geführt werden, um gegenseitige Beeinflussungen durch Rückstau und ähnliche Erscheinungen sicher zu unterbinden.

Durch die Zu- und Abfuhr großer Luftmengen ändert sich naturgemäß auch der gesamte Wärmebedarf der Räume. Heizungs- und Lüftungsanlage müssen daher beim Entwurf als einheitliches Ganzes behandelt werden.

Bei der Belüftung eines Raumes müssen die folgenden Gesichtspunkte beachtet werden. Zunächst muß dafür gesorgt werden, daß die zugeführte Frischluft möglichst rein ist. Man entnimmt sie daher möglichst fern von Straßen an solchen Stellen, die von Grünanlagen umgeben sind. Durch Vergitterung der Einlaßöffnungen und Anordnung von Filtern muß das Eindringen von Verunreinigungen verhindert werden. Hierzu dienen auch sog. Staubkammern, d. h. Kammern, die einen so großen Querschnitt haben, daß die Geschwindigkeit der hindurchgeführten Luft sehr klein wird, so daß Staubteilchen und Verunreinigungen nicht mehr mitgeführt werden können und ausfallen. Statt dessen kann man die Luft auch waschen, indem man sie durch fein verteilte Wasserschleier strömen läßt, wodurch gleichzeitig eine oftmals gewünschte Anfeuchtung der Luft erzielt wird. Schließlich wird die Luft nach Anwärmung in einem Heizkörper durch den Ventilator der Verbrauchsstelle zugeführt.

Soll dagegen die Luft gekühlt werden, so ist die Sache nicht so einfach, wie das folgende Beispiel zeigt:

Hat z. B. die Außenluft eine Temperatur von + 30° und einen Feuchtigkeitsgehalt von 80 v. H., so enthält sie je m^3 $0{,}8 \cdot 30{,}2 = 24{,}16$ g Wasser (siehe Abschn. 15). Bei dieser Außentemperatur wird eine Innentemperatur von einigen 20° schon sehr angenehm empfunden. Nimmt man an, daß die Luft mit 22° und 60 v. H. Feuchtigkeit in den Raum eintreten soll, so enthält sie $0{,}6 \cdot 19{,}4 = 11{,}84$ g Wasser. Um also die Frischluft auf diesen Feuchtigkeitsgehalt zu bringen, muß sie zunächst so weit gekühlt werden, daß sie nicht mehr als 11,84 g je m^3 enthalten kann und der Rest als Flüssigkeit (Tau) ausfällt. Dem entspricht aber eine Temperatur von 13,5°. Wird diese Luft dann wieder auf 22° erwärmt, so hat sie den gewünschten Feuchtigkeitsgehalt von 60 v. H.[1]). Um aber auf 13,5° kühlen zu können, muß das verwendete Kühlmittel noch einige Grad kälter sein. Die meisten städtischen Wasserleitungen liefern z. B. im Sommer Wasser von so niedriger Temperatur nicht. Will man seine Ansprüche also nicht herabsetzen und sich mit höheren Raumtemperaturen und Feuchtigkeitsgehalten zufrieden geben, so müßte man in diesem Fall schon einen Tiefbrunnen mit sehr kaltem Wasser oder eine Kältemaschine zur Verfügung haben[1]).

Durch längere Belüftung der Räume vor Benutzung kann man die geschilderten Schwierigkeiten teilweise verringern.

Zur Ausführung selbst noch einige wichtige Punkte. Die Zuführung der Frischluft geschieht bei Geschäftsräumen,

[1]) Eine weitergehende Ableitung der Feuchtigkeitsverhältnisse würde im Rahmen dieser Arbeit zu weit führen. Es muß deshalb auf die genauere Ableitung bei Rietschel-Gröber. Heizungs- und Lüftungstechnik. verwiesen werden.

Schulzimmern, Krankenräumen u. dgl. etwa in Kopfhöhe. Die Ein- und Austrittsöffnungen müssen selbstverständlich abstellbar sein.

In Gaststättenräumen verlegt man der starken Staubansammlungen wegen den Lufteintritt an die Decke und den Austritt in die Nähe des Fußbodens, doch müssen auch in der Nähe der Decke Abluftöffnungen vorhanden sein, um übermäßige Wärme, Speisedünste und Rauch abführen zu können.

In Theatern u. dgl. verlegt man den Lufteintritt in viele kleine Öffnungen unter dem Gestühl sowie unterhalb der Ränge und Galerien und läßt die Abluft durch das Bühnenhaus abströmen. Auf jeden Fall müssen die Lüftungsanlagen in den Theatern derart beschaffen sein, daß im Falle eines Brandes, der meist auf der Bühne entsteht, Rauch und heiße Luft nicht in den Zuschauerraum strömen können.

Besonders wichtig ist, daß die Ventilatoren geräuschlos arbeiten. Die Geräuschbildung hängt nicht nur von der Art des Antriebs, für den sich der in Gleitlagern gelagerte Elektromotor als zweckmäßigste Form herausgestellt hat, sondern auch sehr stark von der Formgebung der Ventilatorflügel sowie der Luftzuführung ab. Nur diese Gesichtspunkte und nicht etwa der Anschaffungspreis dürfen für die Anschaffung maßgebend sein.

Abschnitt 42. Berechnung der Lüftungskanäle.

Wie schon erläutert, beruht die Wirkung der Lüftungskanäle auf dem durch den Raumgewichtsunterschied zwischen der im Kanal befindlichen warmen Luft und der kälteren Außenluft hervorgerufenen Auftrieb.

Dieser Auftrieb beträgt:

$$H = h\,(\gamma_a - \gamma_i)\ \text{[mm WS]} \qquad (27)$$

Hierin ist h die senkrechte Höhe des Kanals vom Eintritt bis zum Austritt in m, bei Öffnungen in der Waagerechten von Mitte zu Mitte gerechnet.

γ_a das Raumgewicht der Außenluft,
γ_i das Raumgewicht der Luft im Kanal, die beide von der Temperatur abhängig sind.

Folgende Zahlentafel 19 enthält den Arbeitsdruck (Auftrieb) in mm WS bei verschiedenen Temperaturen je m senkrechte Höhe.

Von diesem Arbeitsdruck sind die Verluste, die durch Reibungswiderstände in den Kanälen und die einmaligen Widerstände ζ infolge Richtungs- und Querschnittsänderungen entstehen, abzuziehen.

Der Reibungswiderstand ist von der Rauhigkeit der

Zahlentafel 19.

Arbeitsdruck in mm WS bei verschiedenen Temperaturen je m senkrechte Kanalhöhe.

Kanaltemperatur °C	Außentemperatur °C								
	+ 20	+ 15	+ 10	+ 5	0	— 5	— 10	— 15	— 20
0					0,000	0,024	0,049	0,075	0,103
+ 1					0,005	0,029	0,054	0,080	0,108
+ 2					0,009	0,033	0,058	0,084	0,112
+ 3					0,014	0,038	0,063	0,089	0,117
+ 4					0,018	0,042	0,067	0,093	0,121
+ 5				0,000	0,023	0,047	0,072	0,098	0,126
+ 6				0,005	0,028	0,052	0,077	0,103	0,131
+ 7				0,009	0,032	0,056	0,081	0,107	0,135
+ 8				0,014	0,037	0,061	0,086	0,112	0,140
+ 9				0,018	0,041	0,065	0,090	0,116	0,144
+ 10			0,000	0,022	0,045	0,069	0,094	0,120	0,148
+ 12			0,009	0,031	0,054	0,078	0,103	0,129	0,157
+ 14			0,018	0,040	0,063	0,087	0,112	0,138	0,166
+ 15		0,000	0,022	0,044	0,067	0,091	0,116	0,142	0,170
+ 16		0,004	0,026	0,048	0,071	0,095	0,120	0,146	0,174
+ 18		0,013	0,035	0,057	0,080	0,104	0,129	0,155	0,183
+ 20	0,000	0,021	0,043	0,065	0,088	0,112	0,137	0,163	0,191
+ 25	0,020	0,041	0,063	0,085	0,108	0,132	0,157	0,183	0,211
+ 30	0,040	0,061	0,083	0,105	0,128	0,152	0,177	0,203	0,231
+ 35	0,059	0,080	0,102	0,124	0,147	0,171	0,196	0,222	0,250
+ 40	0,077	0,098	0,120	0,142	0,165	0,189	0,214	0,240	0,268
+ 45	0,095	0,116	0,138	0,160	0,183	0,207	0,232	0,258	0,286
+ 50	0,112	0,133	0,155	0,177	0,200	0,224	0,249	0,275	0,303
+ 55	0,129	0,150	0,172	0,194	0,217	0,241	0,266	0,292	0,320
+ 60	0,145	0,166	0,188	0,210	0,233	0,257	0,282	0,308	0,336

Kanalwandungen abhängig. Blechkanäle haben infolge ihrer glatten Innenfläche den geringsten Reibungswiderstand, aber auch die heute meist verwendeten gemauerten Kanäle mit glattem Zementputz stehen diesen nicht viel nach, so daß man praktisch mit den gleichen Werten rechnen kann. Unverputzte Kanäle sind, selbst wenn die Fugen sauber ausgestrichen sind, wesentlich ungünstiger. Man rechnet dabei etwa mit dem doppelten Rohrreibungswiderstand gegenüber glatten Kanälen.

Der in einem runden Blechkanal auftretende Reibungswiderstand beträgt:

$$R = \frac{p_1 - p_2}{l} = 6{,}61 \frac{v^{1,924}}{d^{1,281}} \qquad (28)$$

Hierin ist p_1 der Druck am Anfang des Kanals in mm WS
p_2 „ „ „ Ende „ „ „ mm WS
l die Länge des Kanals in m
V die Luftgeschwindigkeit in m/sec
d der Kanaldurchmesser in mm.

Für einen rechteckigen Kanal berechnet man nach der Formel

$$d_g = \frac{2\,ab}{a+b} \text{ (mm)} \qquad (29)$$

den sog. „gleichwertigen Durchmesser", d. h. den Durchmesser eines runden Kanales von gleichem Widerstand, und setzt diesen Wert in Formel (28) ein.

Die derart errechneten Werte gelten aber **nur dann**, wenn der Luftdruck nicht zu weit vom Atmosphärendruck (760 mm QS) und die Temperatur nicht wesentlich von 20° abweicht.

Zahlentafel 20.

Einzelwiderstände bei Lüftungsanlagen.

a) Richtungsänderung	um 90°	135°
Scharfkantige Ecke	$\zeta = 1{,}5$	0,5
Abgerundete „	$\zeta = 0{,}5$	0,2
Bogen $r = 2d$	$\zeta = 0{,}1$	0,05

b) Querschnittsänderung von F_1 auf F_2

Verengung

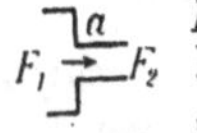

$F_1 : F_2$		= 0,2	0,4	0,6	0,8
Kante a scharf	ζ	= 0,35	0,29	0,17	0,05
„ a gebrochen	ζ	= 0,11	0,09	0,05	0,02
„ a abgerundet	ζ	= 0,01	0,01	0,01	0,01

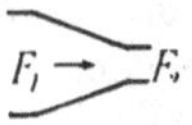

$\zeta = 0{,}05$

Erweiterung

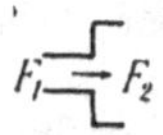

$F_1 : F_2$	= 1,2	1,5	2	3	5
ζ	= 0,04	0,11	0,25	0,45	0,64

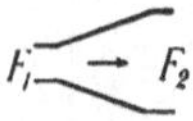

ζ	= 0,04	0,08	0,11	0,13	0,14

c) Lüftungsgitter

Freier Querschnitt: Gitterfläche		0,6	0,5	0,4	0,3	0,2
Drahtgewebe	ζ =	2	3	5	8	17
gestanztes Blech	ζ =	4	6	10	20	50

d) Luftfilter:

Man verlange von den Herstellern verbindliche Angaben.

Sind die Temperaturen wesentlich höher, z. B. in Luftheizungen, so muß der errechnete Wert mit $\left(\frac{\gamma}{1{,}2}\right)^{0{,}852}$ vervielfältigt werden, wobei γ die Raumdichte der Luft bei der gegebenen Temperatur ist.

Der Druckverlust infolge der Einzelwiderstände ist

$$Z = \Sigma\zeta \cdot 0{,}061^{v^2} \text{ [mm WS]} \qquad (30)$$

Darin ist v die Luftgeschwindigkeit in m/sec,
$\Sigma\zeta$ die Summe aller Einzelwiderstände.

Der für Z errechnete Wert ist für höhere Temperaturen als 20° mit $\frac{\gamma}{1{,}2}$ zu vervielfältigen.

Die sich aus der baulichen Ausführung der Lüftungskanäle ergebenden Widerstände werden Zahlentafel 20 entnommen.

Aus dem Gesagten geht hervor, daß die Widerstände in den Lüftungskanälen von der Luftgeschwindigkeit und dem Kanalquerschnitt abhängig sind. Bei der Berechnung eines Kanals, dessen Luftleistung und Form bekannt sind, muß man zunächst einen Querschnitt annehmen und dann untersuchen, ob die entstehenden Widerstände R und Z nicht größer werden als der vorhandene Arbeitsdruck.

Zur Erleichterung dieser Untersuchung dient Zahlentafel 21. Sie enthält die geförderte Luftmenge

(a) in m^3/h für 1 m Rohr bei verschiedenen Rohrreibungswiderständen und

(b) die zugehörigen Einzelwiderstände Z in mm WS für $\zeta = 1$.

Ihre Anwendung ergibt sich aus folgendem einfachem Beispiel.

Ein runder Blechkanal von 10 m Höhe, an dessen unterem Ende sich eine scharfkantige Ecke befindet, soll stündlich 250 m^3 Luft von 20° aus einem Raume abführen. Die Außentemperatur ist 0°. Eine Abkühlung nach außen durch die Kanalwände finde nicht statt.

Für einen solchen Kanal ergibt sich bei den angegebenen Temperaturen ein Arbeitsdruck von 0,088 mm WS für 1 m Kanalhöhe, für 10 m also 0,88 mm WS. Nimmt man nun einen Kanaldurchmesser von 300 mm an, so ergibt sich für eine stündliche Luftmenge (a) von 255 m^3 ein Rohrreibungswiderstand von 0,0045 mm WS, für 10 m also 0,045 mm WS. Der zugehörige Einzelwiderstand für $\Sigma\zeta = 1$ ist 0,06 mm WS. Aus der Zahlentafel 20 wird für eine rechtwinklige, scharfkantige Ecke ein ζ-Wert von 1,5 entnommen. Der tatsächliche Druckverlust Z infolge der Ecke ist also $0{,}06 \cdot 1{,}5 = 0{,}09$ WS. Die gesamten Widerstände betragen also $0{,}045 + 0{,}09 = 0{,}135$ mm WS. Sie sind gegenüber dem tatsächlichen Arbeitsdruck von 0,88 mm WS sehr gering. Man wird also den Kanalquerschnitt kleiner wählen können.

Führt man jetzt die Rechnung für einen Kanaldurchmesser von 200 mm durch, so erreichen die gesamten Widerstände 0,82 mm WS, ein Wert, der dem tatsächlichen Arbeitsdruck nahekommt. Ein Kanal von 200 mm l. W. ist also ausreichend.

Soll für eine gleiche Luftheizung ein rechteckiger Kanal benutzt werden, dessen eine Seite z. B. durch die baulichen Verhältnisse (Mauerstärke usw.) festgelegt ist, so muß die Seite b zunächst angenommen werden. Für $b = 160$ mm ist nach Formel (29) der gleichwertige Durchmesser $d_g = 195$ mm. Der nächstliegende Wert von d ist aber wiederum 200 mm und entspricht einer stündlichen Luftleistung von 263 m³. Ein Kanal von 200 · 260 ist daher ausreichend.

Hat der Kanal eine rauhe Innenfläche, so wird der Rohrreibungswiderstand doppelt so hoch angesetzt und die Rechnung wie oben durchgeführt.

Tritt durch Wärmeabgabe oder -zugang eine Temperaturveränderung im Kanal ein, so muß diese, gegebenenfalls abschnittsweise, natürlich berücksichtigt werden.

Für die Berechnung eines Kanalquerschnittes bei Lüftungsanlagen der in diesem Abschnitt beschriebenen Art setzt man die nachfolgenden Geschwindigkeiten ein:

In Frischluftkanälen, durch die die Luft von außen in die Heizkammern gefördert wird, wird $v = 0{,}8$ bis 1 m/sec angenommen,
in Verteilungskanälen für die warme Luft nach den Einzelkanälen
$v = 1 - 1{,}2$ m/sec,
in Sammelkanälen für die Abluft $v = 1$ bis 1,5 m/sec.

Werden die Abluftkanäle nach unten geführt, im Keller gesammelt, um dann in einem senkrechten Abzugsschacht über Dach geführt zu werden, nimmt man in diesen 1,5 bis 2 m/sec an, während man in den Einzelkanälen die Geschwindigkeit kleiner, etwa mit 0,7 m/sec ansetzt.

Nachdem mit diesen Geschwindigkeiten unter Benutzung der Formel

$$Q = f \cdot v, \qquad (31)$$

worin Q die zu fördernde Menge in m³/sec,
f der Querschnitt des Kanals in m²,
v die Luftgeschwindigkeit,
die Kanalquerschnitte berechnet sind, überzeugt man sich durch Benutzung der Zahlentafel 19, ob man dabei im Rahmen des verfügbaren Auftriebs bleibt, sonst müssen die Querschnitte entsprechend geändert werden.

Zahlen-

Reibungs-wider-stand für 1 m Rohr in mm WS		a Geförderte Luftmenge in m^3/h für 1 m Rohr be verschiedenen Rohrreibungswiderständen b Einzelwiderstände Z in mm WS für $\Sigma\zeta = 1$ bei einer lichten Rohr- bzw. Kanalweite (d bzw. d_g) in mm von												
		100	110	120	130	140	150	175	200	250	300	350	400	500
0,0010	a	6,5	8,3	10	12,5	15,5	18,5	28	40	74	119	177	252	460
	b	—	—	0,01	0,01	0,01	0,01	0,01	0,01	0,01	0,02	0,02	0,02	0,02
0,0012	a	7,2	9	11	14	17	20,5	31	43	81	130	195	281	490
	b	0,01	0,01	0,01	0,01	0,01	0,01	0,01	0,01	0,02	0,02	0,02	0,02	0,03
0,0014	a	7,6	10	12	15	19	22	34	47	88	140	213	306	550
	b	0,01	0,01	0,01	0,01	0,01	0,01	0,01	0,01	0,02	0,02	0,02	0,03	0,04
0,0017	a	8,3	11	13	17	20,5	24,5	37	54	95	155	234	335	610
	b	0,01	0,01	0,01	0,01	0,01	0,01	0,01	0,02	0,02	0,02	0,03	0,03	0,04
0,0021	a	9,4	12	15	19	22,5	27	41,5	57	106	172	260	375	670
	b	0,01	0,01	0,01	0,01	0,01	0,01	0,02	0,02	0,02	0,03	0,04	0,04	0,05
0,0025	a	10,5	13	16,5	20,5	25	30	47	68	117	191	285	410	740
	b	0,01	0,01	0,01	0,01	0,02	0,02	0,02	0,02	0,03	0,03	0,04	0,05	0,06
0,0031	a	11,5	14,5	19	23	28	34	50	72	130	214	320	458	830
	b	0,01	0,01	0,02	0,02	0,02	0,02	0,02	0,02	0,03	0,04	0,05	0,06	0,09
0,0037	a	12,2	16	20,5	25	30,5	36	56	79	142	235	353	500	900
	b	0,01	0,02	0,02	0,02	0,02	0,02	0,03	0,03	0,04	0,05	0,06	0,09	0,09
0,0045	a	13,7	17,5	22	28	34	40	61	86	158	255	390	550	1000
	b	0,02	0,02	0,02	0,02	0,02	0,02	0,03	0,04	0,05	0,06	0,09	0,09	0,1
0,0055	a	15,2	20	24,5	30,5	36	43	67	97	176	288	428	610	1100
	b	0,02	0,02	0,02	0,02	0,03	0,03	0,04	0,05	0,06	0,09	0,09	0,1	0,2
0,0067	a	17	21,5	27	34	43	50	76	108	196	316	476	685	1225
	b	0,02	0,02	0,03	0,03	0,04	0,04	0,05	0,06	0,08	0,09	0,1	0,2	0,2
0,0081	a	18,5	24	30	40	47	54	83	119	216	352	520	760	1350
	b	0,03	0,03	0,03	0,04	0,04	0,05	0,06	0,06	0,09	0,1	0,2	0,2	0,2
0,010	a	21	27	34	43	50	61	94	134	240	392	582	840	1510
	b	0,03	0,04	0,04	0,05	0,05	0,06	0,06	0,09	0,1	0,2	0,2	0,2	0,3
0,012	a	23	29,5	36	47	58	68	101	144	266	430	650	920	1660
	b	0,04	0,05	0,05	0,06	0,06	0,06	0,09	0,09	0,1	0,2	0,2	0,2	0,4
0,014	a	25	32	40	50	61	76	110	158	286	468	706	1000	1810
	b	0,05	0,05	0,06	0,06	0,09	0,09	0,1	0,1	0,2	0,2	0,2	0,3	0,4
0,017	a	27	35	43	54	68	83	121	176	318	510	775	1100	2000
	b	0,06	0,06	0,09	0,09	0,09	0,09	0,1	0,2	0,2	0,2	0,3	0,4	0,5
0,021	a	30,5	40	50	61	76	90	135	194	354	570	860	1225	2220
	b	0,06	0,09	0,09	0,09	0,1	0,1	0,2	0,2	0,2	0,3	0,4	0,5	0,6
0,025	a	34	43	54	68	83	100	150	216	390	635	940	1350	2440
	b	0,09	0,09	0,1	0,1	0,1	0,2	0,2	0,2	0,3	0,4	0,5	0,6	0,8
0,031	a	36	47	61	75	93	112	168	237	432	705	1060	1520	2730
	b	0,1	0,1	0,2	0,2	0,2	0,2	0,2	0,2	0,4	0,5	0,6	0,8	1,0

tafel 21.

Reibungs-widerstand für 1 m Rohr in mm WS		a Geförderte Luftmenge in m³/h für 1 m Rohr bei verschiedenen Rohrreibungswiderständen b Einzelwiderstände Z in mm WS für $\Sigma\zeta = 1$ bei einer lichten Rohr- bzw. Kanalweite (d bzw. d_g) in mm von												
		100	110	120	130	140	150	175	200	225	300	350	400	500
0,037	a	40	54	68	83	101	122	185	263	476	780	1160	1660	3000
	b	0,1	0,2	0,2	0,2	0,2	0,2	0,3	0,3	0,5	0,6	0,8	0,8	1,2
0,045	a	47	58	76	90	112	133	202	292	527	860	1270	1850	3330
	b	0,2	0,2	0,2	0,2	0,2	0,2	0,4	0,4	0,6	0,8	0,8	1,0	1,2
0,055	a	50	65	83	101	122	151	223	324	583	950	1420	2050	3670
	b	0,2	0,2	0,2	0,3	0,3	0,3	0,5	0,5	0,7	0,8	1,0	1,2	1,5
0,067	a	58	72	90	112	137	166	252	360	650	1050	1580	2270	4100
	b	0,2	0,2	0,3	0,4	0,4	0,4	0,6	0,6	0,9	1,0	1,2	1,5	2,2
0,081	a	61	79	101	126	151	188	275	395	720	1160	1760	2500	4500
	b	0,3	0,3	0,4	0,4	0,5	0,6	0,8	0,8	1,1	1,2	1,5	2,2	2,2
0,10	a	68	90	112	137	170	205	308	440	800	1290	1950	2800	5000
	b	0,4	0,4	0,5	0,6	0,6	0,6	0,8	1,0	1,2	1,5	2,2	2,2	3,0
0,12	a	75	97	122	152	188	223	337	480	880	1430	2150	3100	5500
	b	0,5	0,5	0,6	0,6	0,8	0,8	1,0	1,2	1,5	2,2	2,2	3,0	3,9
0,14	a	83	104	133	166	205	245	370	525	950	1550	2330	3350	6000
	b	0,6	0,6	0,8	0,8	0,8	1,0	1,2	1,2	2,2	2,2	3,0	3,0	5,0
0,17	a	90	115	148	184	224	267	405	575	1040	1700	2550	3700	6600
	b	0,6	0,8	0,8	1,0	1,0	1,0	1,5	1,5	2,2	3,0	3,0	3,9	5,0
0,21	a	101	130	166	205	250	300	450	650	1160	1900	2850	4100	7400
	b	0,8	1,0	1,0	1,2	1,2	1,2	1,5	2,2	3,0	3,0	3,9	5,0	6,1
0,25	a	112	144	184	225	274	332	495	715	1280	2100	3150	4500	8100
	b	1,0	1,0	1,2	1,2	1,5	1,5	2,2	2,2	3,0	3,9	5,0	6,1	8,8
0,31	a	122	158	202	250	307	366	550	800	1420	2350	3550	5000	9000
	b	1,2	1,2	1,5	1,5	2,2	2,2	3,0	3,0	3,9	5,0	6,1	8,8	8,8
0,37	a	137	176	223	275	340	405	610	870	1580	2550	3900	5500	10000
	b	1,2	1,5	1,5	2,2	2,2	2,2	3,0	3,9	5,0	6,1	8,8	8,8	12,0
0,45	a	152	195	245	300	375	445	670	970	1750	2850	4300	6100	10900
	b	1,5	2,2	2,2	2,2	3,0	3,0	3,9	5,0	6,1	8,8	8,8	12,0	15,7
0,55	a	166	216	270	340	410	490	750	1060	1950	3150	4700	6800	12000
	b	2,2	2,2	3,0	3,0	3,0	3,9	5,0	5,0	8,8	8,8	12,0	12,0	19,8
0,67	a	187	238	303	375	460	550	830	1180	2150	3500	5200	7600	13400
	b	3,0	3,0	3,0	3,9	3,9	5,0	6,1	6,1	8,8	12,0	15,7	15,7	24,5
0,81	a	205	263	335	415	505	610	920	1300	2370	3900	5800	8300	
	b	3,0	3,9	3,9	5,0	5,0	6,1	6,1	8,8	12,0	15,7	15,7	19,8	
1,00	a	227	295	375	460	560	680	1010	1460	2650	4300	6500	9300	
	b	3,9	5,0	5,0	6,1	6,1	6,1	8,8	8,8	15,7	15,7	19,8	24,5	

Abschnitt 43. Berechnung der Lüftungsanlagen mit Kraftbetrieb.

Bei den in der Lüftungstechnik benutzten Ventilatoren unterscheidet man zwischen sog. Schrauben- und Schleuderventilatoren (Abb. 27 u. Abb. 28). Jeder Ventilator

Abb. 27. Schraubenventilator.

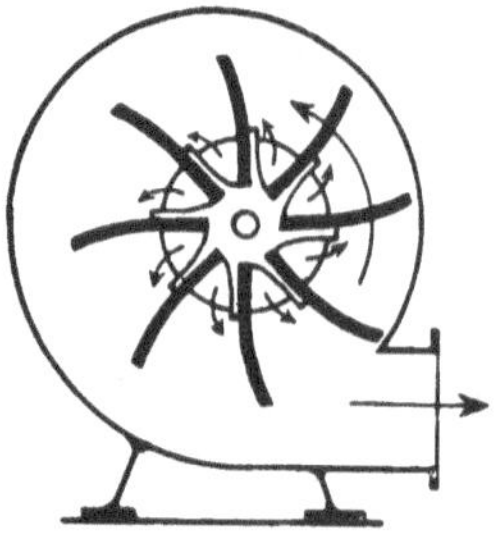

Abb. 28. Schleuderventilator.

setzt die ihm durch den Antrieb zugeführte mechanische Energie in Bewegungs- (dynamische) und Druckenergie (statische) der geförderten Luft um. Man unterteilt demnach den erzeugten Druck in dynamischen und statischen Druck. Jener gibt der Luft die nötige Geschwindigkeit, fördert sie also, der statische Druck dagegen steht zur Überwindung der sich der eintretenden Luft entgegenstellenden Widerstände zur Verfügung.

Die Schraubenventilatoren können nur geringe statische Drücke erzeugen. Sie werden deshalb nur dort verwandt, wo keine großen Widerstände vorhanden sind. Das ist vor allem da der Fall, wo ein Ventilator einfach in eine Wand eingebaut ist und Luft von der einen Seite nach der anderen fördern soll. Als Beispiel mögen die allbekannten „Ventilatoren“ in Gaststätten dienen.

Die Schleuderventilatoren vermögen dagegen größeren statischen Druck zu erzeugen, der um so höher wird, je höher der entgegenstehende Widerstand ist. Schließt man an die Saug- und Druckstutzen schlank gestaltete Erweiterungen an, so wird ein Teil der Geschwindigkeitsenergie in Druckenergie umgewandelt. Da nach dem Gesetz von der Erhaltung der Energie die Summe von statischer und Geschwindigkeitsenergie immer gleich sein muß, fällt diese entsprechend dem Anwachsen der statischen Energie und damit läßt die Förderleistung des Ventilators nach. Hierauf sei besonders hingewiesen, da die Hersteller der Ventilatoren häufig die Förderleistung ohne Rücksicht auf den statischen Druck angeben. Wird das bei der Bestellung nicht beachtet, so kann der Fall eintreten, daß der an das Verteilungsnetz angeschlossene Ventilator zu klein ist.

Bei der Berechnung der Luftverteilungskanäle verfährt man ähnlich wie bei den Warmwasser- und Dampfheizungen. Man zerlegt die Leitung in Teilstrecken, wobei jedes Stück, das die gleiche Luftmenge zu fördern hat, eine Teilstrecke bildet. Für jede dieser Teilstrecken werden Rohrreibungswiderstand und Einzelwiderstände festgestellt und darnach die Abmessungen der Leitungen oder Kanäle gewählt. Die Durchführung einer solchen Rechnung sei an folgendem Beispiel erläutert.

Die in Abb. 29 dargestellte Lüftungsanlage soll stündlich 6000 m³ in die zu lüftenden Räume fördern. Der Ventilator *V* erzeugt bei der angegebenen Luftleistung einen statischen Druck von 50 mm WS. Zur Überwindung der auf der Ansaugseite, also dem vor Ventilator entstehenden Widerstände (Filter und Vorwärmkammer, Ansaugleitung mit Schutzgitter), wird auf Grund der Angaben der Hersteller ein Druck von 10 mm WS eingesetzt, so daß für die Verteilungsleitung auf der Druckseite noch 40 mm WS zur Verfügung stehen.

In der Teilstrecke *a b* wird die gesamte Luftmenge gefördert. Querschnitts- und Richtungsänderungen sind nicht vorhanden. Es tritt also nur Rohrreibungswiderstand auf. Nimmt man die Rohrweite mit 400 mm an (oder nach Formel (29) einen gleichwertigen rechteckigen Querschnitt), so ergibt sich nach Zahlentafel 15 dafür ein Rohrreibungswiderstand von 0,45 mm WS für 5 m also 2,25 mm WS. An der Stelle *b* ist dann nur noch ein Druck von 40 — 2,25 =

37,75 mm WS vorhanden. Jetzt gabelt sich die Leitung in zwei Teile, deren jeder 3000 m³ Luft fördern soll. Verlauf und Leistung jeder der beiden Zweige soll der gleiche sein. Teilstrecke *b—d* ist 10 mlang. Sie enthält bei *b* eine Querschnittsverengung und bei *c* eine abge-

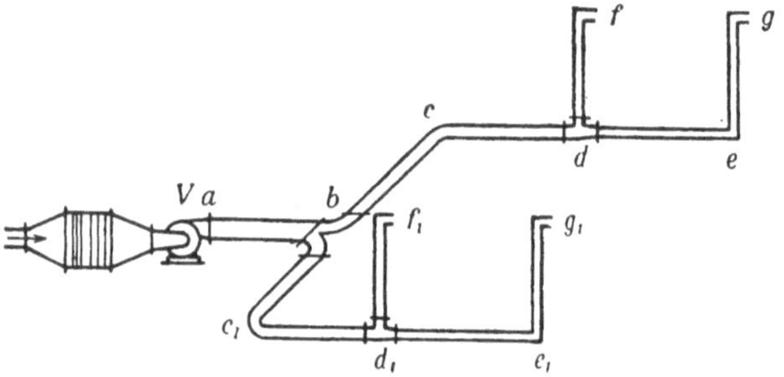

Abb. 29. **Beispiel einer Drucklüftung mit Kraftbetrieb.**

rundete Ecke. Beide rufen Einzelwiderstände hervor. Wählt man den Rohrdurchmesser mit 300 mm, so ist lt. Zahlentafel 21 der Rohrreibungswiderstand je m 0,55 mm WS, für 10 m also 5,5 mm WS. Die Querschnittsverminderung $F : F_1 = 400^2 : 300^2 =$ rd. 2 ergibt $\zeta = 0{,}05$. Die abgerundete Ecke $\zeta = 0{,}5$. Nach Tafel 15 ist bei einer Leistung von 3150 m³ für $\Sigma\,\zeta = 1$ der Widerstand 8,8 mm WS, für $\zeta = 0{,}55$ also 4,84 mm WS. Die Strecke *b—d* erfordert also $5{,}5 + 4{,}84 = 10{,}34$ mm WS Druckverlust. Demnach verbleiben bei *d* noch $37{,}75 - 10{,}34 = 21{,}41$ mm WS übrig.

Aus jeder der Öffnungen *f* und *g* sollen 1500 m³ Luft entströmen. Die Rohrleitung *d—f* ist 10 m lang. Die Einzelwiderstände in dieser Leitung sind bei *d* eine scharfe Ecke und eine Querschnittsverminderung, bei *f* wiederum eine scharfe Ecke und der Austrittswiderstand der meistens vorhandenen Vergitterung. Nimmt man den Querschnitt des Rohres *d—f* mit 200 mm ⌀ an, so entstehen nach Tafel 15 die folgenden Widerstandsverhältnisse: Die Rohrreibung ist 1460 m³ = 1 mm WS, für 10 m also 10 mm WS. Die Einzelwiderstände nach Zahlentafel 13, wenn als Austrittsgitter ein Drahtgewebe mit einem Verhältnis freier Querschnitt zu Gitterfläche von 0,6 angenommen wird ($\zeta = 2$), zusammen $1{,}5 + 0{,}05 + 1{,}5 + 2 = 5{,}05$. Für die angegebene Luftmenge ist für $\Sigma\zeta = 1$ der Widerstand 8,8 mm. Für $\zeta = 5{,}05$ sind damit die gesamten Einzelwiderstände

44,44 mm. Der Gesamtwiderstand der Teilleitung *g*—*f* beträgt damit 44,44 + 10 = 54,44 mm WS. Es stehen bei *d* aber insgesamt nur noch 27,41 mm WS zur Verfügung. Der Durchmesser war also zu gering angenommen. Nimmt man ihn z. B. mit 250 mm an, so ergibt sich ein Rohrreibungswiderstand von 2,5 mm für 10 m Rohr. Die Einzelwiderstände sind die gleichen wie vorher, für $\Sigma\zeta = 1$ ist der Widerstand aber nur noch 3 mm WS und die Summe der Einzelwiderstände wird damit 15,15 mm WS. Der Gesamtwiderstand ist also 17,65 mm WS, während 27,41 zur Verfügung stehen. Der gewählte Rohrdurchmesser ist also reichlich. Will man verhindern, daß der Öffnung mehr Luft entströmt als vorgesehen war, so muß man entweder den Rohrquerschnitt entsprechend berichtigen oder aber ein anderes Austrittsgitter mit einem höheren Widerstand wählen, damit man dem verfügbaren Wert von 27,41 mm WS möglichst nahekommt und dadurch eine richtige Luftmenge erreicht. Sinngemäß werden die anderen Teilstrecken durchgerechnet.

Man sieht, daß auch in der Lüftungstechnik die Erfahrung eine große Rolle spielt, da man unbedingt vor Durchführung der Rechnung eine gewisse Vorstellung davon haben muß, wie sich die Druck- und auch die Geschwindigkeitsverhältnisse in der Anlage gestalten werden. Sonst sind sehr umfangreiche Rechnungen und in der Regel auch Fehler die Folge.

Schrifttumsverzeichnis.

a) Bücher.

Rietschel, Heiz- und Lüftungstechnik. 12. Aufl. bearb. von Dr.-Ing. H. Groeber. Springer-Verlag, Berlin und Göttingen.

Hottinger, M., Heizung und Lüftung, Warmwasserversorgung, Befeuchtung und Entnebelung. Verlag R. Oldenbourg, München und Berlin.

Wiertz, M., Die Warmwasserheizung. Anordnung und Ausführung mit vereinfachter Rohrnetzberechnung. Verlag R. Oldenbourg, München und Berlin.

Klinger, H. J., Die Stockwerks-Warmwasserheizung. Hrsg. von P. Pakus und J. Ritter. Carl Marhold Verlagsbuchhandlung, Halle a. S.

Dietrich, F., Die Gasheizung. Leitfaden über Theorie, Berechnung und Ausführung. Carl Marhold, Verlagsbuchhandlung, Halle a. S.

Heid und Kollmar, Die Strahlungsheizung. Leitfaden über Theorie, Berechnung und Ausführung. Carl Marhold, Verlagsbuchhandlung, Halle a. S.

Körting, Joh., Was muß der Heizungsingenieur von der Niederdruckdampfheizung wissen? Carl Marhold, Verlagsbuchhandlung, Halle a. S.

Kamper, Hottinger und v. Gonzenbach, Die Heizungs- und Lüftungsanlagen in den verschiedenen Gebäudeanlagen. Springer-Verlag, Berlin und Göttingen.

Mehl, W., Kirchenheizungen. Darlegung ihrer Notwendigkeit und Aufgabe, sowie der Vor- und Nachteile der gebräuchlichen Heizarten. Carl Marhold, Verlagsbuchhandlung, Halle a. S.

Sieler, W., Wärmebedarfsbestimmung von Kirchen. Eine neue Kirchenformel. Verlag R. Oldenbourg, München und Berlin.

Rybka, K., Klimatechnik. Entwurf, Berechnung und Ausführung von Klimaanlagen. Industrie-Verlag von Carl Haenchen, Berlin-Eichwalde.

b) Zeitschriften.

Gesundheitsingenieur. Zeitschrift für angewandte Hygiene und Gesundheitstechnik in Stadt und Land. Verlag R. Oldenbourg, München und Berlin.

Haustechnische Rundschau. Zeitschrift für Heizung und Lüftung, Gesundheits- und Wärmetechnik, Energieversorgung und sanitäre Installation. Berlin-Charlottenburg 4, Leibnizstr.

Heizung, Lüftung, Haustechnik. Zeitschrift für Gesundheitstechnik, häusliche und gemeindliche Energieversorgung. Deutscher Ingenieur-Verlag G. m. b. H., Düsseldorf.

Sanitäre Technik. Verlag Sanitäre Technik, Düsseldorf.

Schweizerische Blätter für Heizung und Lüftung. Verlag Art. Inst. Orell Füssli A.-G., Zürich.

Wärme-, Lüftungs- und Gesundheitstechnik. Verlag Lächner & Co., Stuttgart.

c) Kalender.

Kalender für Heizungs-, Lüftungs- und Bautechniker. Gegründet von H. J. Klinger. Herausgegeben und neubearb. von J. Ritter. Carl Marhold Verlagsbuchhandlung, Halle a. S.

Hermann Recknagels Kalender für Gesundheits- und Wärmetechnik. Herausgegeben von G. Gehrenbeck unter Mitarbeit von E. Sprenger. Verlag R. Oldenbourg, München und Berlin.

d) Arbeitsmappen, Normblätter.

Arbeitsmappe des Heizungsingenieurs. Deutscher Ingenieur-Verlag G. m. b. H., Düsseldorf.

Normblatt DIN 4701, Regeln für die Berechnung des Wärmebedarfs von Gebäuden.

Normblatt DIN 4702, Kessel von Heizungsanlagen, Regeln für die Berechnung.

Normblatt 4703, Regeln für die Berechnung der Gliederheizkörper und Rohrheizkörper von Heizungsanlagen. Beuth-Vertrieb G. m. b. H., Berlin SW 68 und Köln.

Sachverzeichnis.

KUHLUNG
KLIMATISIERUNG
HEIZUNG
BEFEUCHTUNG
LUFTUNG
TROCKNUNG
25 Jahre Wetter nach Wunsch
L·T·G
DURCH
KLIMA-ANLAGEN DER
LUFTTECHNISCHEN GESELLSCHAFT M.B.H.
STUTTGART-ZUFFENHAUSEN . TEL. 81056/57

Naturwissenschaften
und
Technik

Als 1889

„Klopstocks Oden" als erster Band der Sammlung Göschen erschienen, blickte die G. J. Göschen'sche Verlagshandlung bereits auf ein Jahrhundert ihres Bestehens zurück. 1785 gründete Georg Joachim Göschen den Verlag und machte ihn durch die erste vierbändige Ausgabe der Werke Goethes, die Gesamtausgabe von Wielands Schriften, Schillers Don Karlos und andere Werke der klassischen Literatur schnell berühmt. Dieser vorwärtsdrängende Geist erwies sich weiterhin lebendig, als die Entwickelung der wirtschaftlichen und technischen Zeitverhältnisse längst das Interesse der Allgemeinheit von der reinen Dichtung zum Gebrauchsbuch geführt hatte.

Der große Gedanke, die Errungenschaften der Wissenschaften, Künste und Technik in knappster Form und zu billigem Preise einem weiten Leserkreis nahezubringen, wurde erstmalig in der »Sammlung Göschen« verwirklicht. Es ist kulturhistorisch interessant, an ihrer mehr als sechzigjährigen Geschichte die Veränderung des Zeitgeistes zu beobachten, zugleich aber auch die Hebung des geistigen Niveaus der Sammlung festzustellen. Stellten sich noch die allerersten Bändchen überwiegend auf die geistigen Bedürfnisse der obersten Klassen Höherer Schulen in ihrer ausgesprochenen philologischen und historischen Ausrichtung ein, treten nach der Jahrhundertwende die exakten Wissenschaften und die praktische Meisterung technischer Probleme in den Vordergrund. Gleichzeitig mit der Hebung der Allgemeinbildung wächst auch der Kreis der Benutzer. Der Aufbau der Sammlung folgt bereitwillig den neuen Strömungen. Grundsätzlich wird nun Gehalt und Gestalt auf den an Hochschulen üblichen Lehrstoff abgestellt, so daß die »Sammlung Göschen« das beliebteste und begehrteste Rüstzeug des Studenten wird. Wenn auch die steigenden Lebenshaltungskosten eine Anpassung des Preises erzwingen, so ist gerade in Zeiten der wirtschaftlichen Not, wie sie Deutschland seit dem Zusammenbruch durchlebt, das knappe, wissenschaftlich gediegene, allgemeinverständliche, billige Buch der erwünschte Helfer für alle Vorwärtsstrebenden, seien es Studenten oder Gelehrte, Arbeiter oder Männer der Wirtschaft und Technik.

Naturwissenschaften und Technik

Mathematik

Formelsammlungen, Logarithmentafeln

Mathematische Formelsammlung	von *F. Ringleb.* 5., verbesserte Aufl. Mit 57 Fig. 274 S. 1949.	51
Formelsammlung zur praktischen Mathematik	von *G. Schulz.* Durchgesehener Neudruck. Mit 10 Abb. 147 S. 1945.	1110
Vierstellige Tafeln und Gegentafeln	für logarithmisches und trigonometrisches Rechnen in zwei Farben zusammengestellt von *H. Schubert* und *R. Haussner.* Neudruck. 1951. In Vorbereitung.	81
Fünfstellige Logarithmen	Mit mehreren graphischen Rechentafeln und häufig vorkommenden Zahlwerten. Von *A. Adler.* 2. Aufl. Neudruck. 1. Tafel. 127 S. 1949.	423

Arithmetik und Algebra

Einführung in die Zahlentheorie	von *A. Scholz.* Neudruck. 136 S. 1945.	1131
Arithmetik	von *P. B. Fischer.* 2. Aufl. Neudruck. Mit 19 Abb. 152 S. 1951. In Vorbereitung.	47
Höhere Algebra	von *H. Hasse.* I. Lineare Gleichungen. 3. Aufl. 152 S. 1951.	931
	II. Gleichungen höheren Grades. 3. Aufl. 5 Fig. 158 S. 1951.	932
Determinanten	von *P. B. Fischer.* 4. Aufl. Neudruck. 116 S. 1951. In Vorbereitung.	402

Mathematik

Gruppentheorie	von *L. Baumgartner.* 2. Aufl. Mit 6 Fig. 115 S. 1949.	837
Aufgabensammlung zur höheren Algebra	von *H. Hasse* und *W. Klobe.* 2. Aufl. 1951. In Vorbereitung.	1082
Mengenlehre	von *E. Kamke.* 3. Aufl. Mit 6 Fig. 160 S. 1951. In Vorbereitung.	999

Analysis

Elemente der Funktionentheorie	von *K. Knopp.* 3. Aufl. Mit 23 Fig. 144 S. 1949.	1109
Funktionentheorie	I: Grundlagen der allgemeinen Theorie der analytischen Funktion von *K. Knopp.* Mit 8 Fig. 7. Aufl. 139 S. 1949.	668
	II: Anwendungen und Weiterführung der allgemeinen Theorie. Mit 7 Fig. 7. Aufl. 130 S. 1949.	703
Aufgabensammlung zur Funktionentheorie	I: Aufgaben zur elementaren Funktionentheorie von *K. Knopp.* 4. Aufl. 135 S. 1949.	877
	II: Aufgaben zur höheren Funktionentheorie. 4. Aufl. 151 S. 1949.	878
Gewöhnliche Differentialgleichungen	von *G. Hoheisel.* 4., neubearb. Auflage. 129 S. 1951. In Vorbereitung.	920
Partielle Differentialgleichungen	von *G. Hoheisel.* 3. Aufl. 1951. In Vorbereitung.	1003
Aufgabensammlung zu den gewöhnlichen und partiellen Differentialgleichungen	von *G. Hoheisel.* 2. Aufl. 1951. In Vorbereitung.	1059

Mathematik

Differentialrechnung	von *A. Witting*. 3., neubearb. Aufl. Mit 95 Fig. und 200 Beispielen. Durchgesehener Neudruck. 201 S. 1949.	87
Repetitorium und Aufgabensammlung zur Differentialrechnung	von *A. Witting*. 2. Aufl. Neudruck. 122 S. 1949.	146
Integralrechnung	2., verbesserte Aufl. von *A. Witting*. Durchgesehener Neudruck. Mit 62 Fig. und 190 Beispielen, 176 S. 1949.	88
Repetitorium und Aufgabensammlung zur Integralrechnung	von *A. Witting*. 2. Aufl. Neudruck. 121 S. 1949.	147
Einführung in die konforme Abbildung	von *L. Bieberbach*. 4. Aufl. Mit 42 Zeichnungen. 147 S. 1949.	768

Geometrie

Darstellende Geometrie	von *R. Haussner*. 1. Teil: Elemente, ebenflächige Gebilde 6., unveränderte Auflage. Mit 110 Fig. 207 S. 1947.	142
	2. Teil: Perspektive ebener Gebilde, Kegelschnitte. 5., unveränderte Aufl. Mit 88 Fig. 168 S. 1947.	143
Sammlung von Aufgaben und Beispielen zur analytischen Geometrie der Ebene	von *R. Haussner*. Neudruck. Mit 22 Fig. 139 S. 1949.	256
Ebene und sphärische Trigonometrie	von *H. Hessenberg*. 3., neubearbeitete Auflage, durchges. Neudruck. 1951. In Vorbereitung.	99

Mathematik

Differentialgeometrie	Raumkurven und Anfänge der Flächentheorie von *R. Rothe*. Neudruck. 32 Abb., 132 S. 1951. In Vorbereitung.	1113
Nichteuklidische Geometrie	von *R. Baldus*. 3. Aufl. Mit 71 Fig. 152 S. 1951. In Vorbereitung.	970

Angewandte Mathematik

Vermessungskunde	von *P. Werkmeister*. I. Stückmessung und Nivellieren 9. Aufl. Mit 145 Figuren. 172 S. 1949.	468
	II. Messung von Horizontalwinkeln. Festlegung von Punkten im Koordinatensystem. Absteckungen. 7. Aufl. Mit 63 Fig. 151 S. 1949.	469
	III. Trigonometrische und barometrische Höhenmessung. Tachymetrie und Topographie. 6. Aufl. Mit 64 Fig. 147 S. 1951. In Vorbereitung.	862
Praktisches Zahlenrechnen	von *P. Werkmeister*. 4. Aufl. Mit 60 Fig. 136 S. 1951. In Vorbereitung.	405
Versicherungsmathematik	von *F. Böhm*. I: Elemente der Versicherungsrechnung 2., vermehrte und verbesserte Auflage. Neudruck. 149 S. 1951.	180
	II: Lebensversicherungsmathematik. Einführung in die technischen Grundlagen der Sozialversicherung. 1951. In Vorbereitung.	917
ektoralanalysis	von *S. Valentiner*. 7., wesentl. veränderte Auflage. Mit 19 Fig. 138 S. 1950.	354

Geschichte

Geschichte der Mathematik	von *J. E. Hofman.* I: Von den Anfängen bis zum Auftreten von Format und Descartes. 192 S. 1951. In Vorbereitung.	226

Physik

Physikalische Formelsammlung	**von *G. Mahler.* 8., verbess. Aufl. 153 S. 1950.**	**136**
Physikalische Aufgabensammlung	**von *G. Mahler.* 7. Aufl. 128 S. 1951. In Vorbereitung.**	**243**
Differentialgleichungen der Physik	**von *E. Sauter.* 2. Aufl. Mit 16 Fig. 148 S. 1950.**	**1070**
Einführung in die Kristalloptik	**von *E. Buchwald.* 4. Aufl. 116 Fig. 134 S. 1951. In Vorbereitung.**	**619**
Physikalisch-Chemische Rechenaufgaben	**von *E. Asmus.* 2. Aufl. 96 S. 1949.**	**445**
Vektoranalysis	**von *S. Valentiner.* 7., wesentl. veränderte Auflage. Mit 19 Fig. 138 S. 1950.**	**354**

Chemie

Allgemeine und anorganische Chemie

Geschichte der Chemie	Bd. I: Vom Altertum bis zur Entdeckung des Sauerstoffs von *G. Lockemann.* Mit 8 Abb. 143 S. 1950.	264

Allgemeine und physikalische Chemie	von *W. Schulze*. I. Teil. 3., durchgesehene Auflage. Mit 22 Fig. 146 S. 1949.	71
	II. Teil. 3., durchgesehene Auflage. Mit 36 Fig. 160 S. 1949.	698
Physikalisch-Chemische Rechenaufgaben	von *E. Asmus*. 2. Aufl. 96 S. 1949.	445
Anorganische Chemie	von *W. Klemm*. 6. Aufl. Mit 18 Abb. 184 S. 1944.	37
Thermochemie	von *W. Roth*. 2., verbesserte Aufl. 109 S. 1947.	1057
Stöchiometrische Aufgabensammlung	mit den Ergebnissen von *W. Bahrdt* und *R. Scheer*. 5. Aufl. 1951. In Vorbereitung.	452

Organische Chemie

Organische Chemie	von *W. Schlenk*. 5. Aufl. Mit 17 Fig. 239 S. 1949.	38

Experimentelle Chemie

Analytische Chemie	von *J. Hoppe*. I: Reaktionen. 5., verbesserte Aufl. 135 S. 1950.	247
	II: Gang der qualitativen Analyse. 5., verbesserte Aufl. 168 S. 1950.	248
Maßanalyse	Theorie und Praxis der klassischen und der elektrochemischen Titrierverfahren von *G. Jander* und *K. F. Jahr*. Band 1: 6. Aufl. 140 S. 1951. In Vorbereitung.	221
	Band 2: 5. Aufl. Mit 24 Fig. 139 S. 1948.	1002

Elektrochemie

Naturwissenschaften

Biologie

Botanik

Pflanzenzüchtung	von *H. Kuckuck*. 2., durchges. Aufl. Mit 12 Abb. 125 S. 1944.	1134
Die Laubhölzer	von *W. Neger* und *E. Münch*. 3., durchges. Aufl., herausgegeben von *B. Huber*. Mit 63 Fig. und 7 Tab. 142 S. 1950.	718

Zoologie

Vergleichende Physiologie der Tiere	von *K. Herter*. I: Stoff- und Energiewechsel. 3. Aufl. Mit 64 Abb. 155 S. 1950.	972
	II: Bewegung und Reizerscheinungen. 3. Aufl. Mit 110 Abb. 148 S. 1950.	973

Geologie - Mineralogie - Kristallographie

Geologie	von *H. Cloos*. 3. Aufl. 77 Abb. 144 S. 1951. In Vorbereitung.	13
Mineralogie	von *R. Brauns* und *K. F. Chudoba*. 8., neubearb. Aufl. Mit 125 Textfiguren und 9 Abb. auf einer Tafel. 143 S. 1943.	29
Petrographie	von *W. Bruhns*. 3., durchgesehene Aufl. Mit 10 Figuren. 117 S. 1949.	173
Kristallographie	von *W. Bruhns* und *P. Ramdohr*. 4. Aufl. 1951. In Vorbereitung.	210
Lötrohrprobierkunde	Mineraldiagnose mit Lötrohr und Tüpfelreaktion von *M. Henglein*. 3., verb. Aufl. Mit 11 Fig. 91 S. 1949.	483

Land- und Forstwirtschaft

Kulturtechnische Bodenverbesserungen	von *O. Fauser*. I: Allgemeines, Entwässerung 4., neubearbeitete Aufl. 122 S. 1947.	691
	II: Bewässerung, Ödlandkultur, Umlegung. 4., neubearb. Aufl. 150 S. 1948.	692
Die Laubhölzer	von *W. Neger* und *E. Münch*. 3., durchgeseh. Aufl., hsg. von *B. Huber*. Mit 63 Fig. u. 7 Tab. 142 S. 1950.	718

Ingenieurwissenschaften

Allgemeines

Technische Tabellen und Formeln	von *W. Müller*. 4., überarbeitete Aufl. von *E. Schulze*. 1951. In Vorbereitung.	579
Technische Thermodynamik	von *W. Nusselt*. I: Grundlagen. 3., verb. Aufl. Mit 71 Abb. 144 S. 1951.	1084
	II: Theorie der Wärmekraftmaschinen. Neudruck. Mit 87 Abb. u. 32 Zahlentafeln. 144 S. 1951.	1151
Festigkeitslehre	von *W. Gebler* und *W. Herberg*. I: Elastizität, Plastizität und Festigkeit der Baustoffe und Bauteile Neudruck. 1951. In Vorbereitung.	1144

Metallkunde	von *H. Borchers.* I: Aufbau der Metalle und Legierungen. Mit 2 Tab. und 90 Abb. 3. Aufl. 110 S. 1951.	432
	II: Eigenschaften, Grundzüge der Form und Zustandsgebung. 2. Aufl. Mit 8 Tab., 100 Abb. 154 S. 1951. In Vorbereitung.	433
Technische Schwingungslehre	von *L. Zipperer.* Bd. I. 2. Aufl. 1951. In Vorbereitung.	953

Maschinenbau

Die Maschinenelemente	von *E. vom Ende.* 2., verbesserte Aufl. Mit 175 Fig. und 12 Taf. 159 S. 1950.	3
Das Maschinenzeichnen mit Einführung in das Konstruieren	von *W. Tochtermann.* I: Das Maschinenzeichnen. 4. Aufl. Mit 77 Tafeln. 156 S. 1950.	589
	II: Ausgeführte Konstruktionsbeispiele. 4. Aufl. Mit 58 Tafeln. 130 S. 1950.	590
Die Dampfkessel und Feuerungen einschließlich Hilfseinrichtungen	in Theorie, Konstruktion und Berechnung. von *W. Marcard,* neubearb. von *K. Beck.* I: Die theoretischen Grundlagen. Wärme, Verbrennung, Wärmeübertragung. Mit 42 Abb. und 16 Tab. 150 S. 1951. In Vorbereitung.	9
	II: Dampfkessel. Mit 53 Abb. und mehreren Tab. 2. Aufl. 138 S. 1951. In Vorbereitung.	521
Gießereitechnik	von *H. Jungbluth.* I. Teil: Eisengießerei. Mit zahlreichen Abb. 136 S. 1951. In Vorbereitung.	1159
Autogenes Schweißen und Schneiden	von *H. Niese.* 5. Aufl., neubearb. von *A. Küchler.* Mit 71 Fig. 136 S. 1951. In Vorbereitung.	499

Hoch- und Tiefbau

Die wichtigsten Baustoffe des Hoch- und Tiefbaues	von O. *Graf*. 3., verb. Aufl. Mit 58 Abb. 126 S. 1947.	984
Baustoffverarbeitung und Baustellenprüfung des Betons	von *A. Kleinlogel*. Mit 35 Abb. 126 S. 1950.	970
Grundlagen des Stahlbetonbaues	von *A. Troche*. 2. Aufl. 1951. In Vorbereitung.	1078
Fenster, Türen, Tore aus Holz und Eisen	von *W. Wickop*. 3., überarbeitete und ergänzte Aufl. Mit 96 Abb. 154 S. 1949.	1092

Elektrotechnik

Die Gleichstrommaschine	von *K. Humburg*. I: Durchgesehener Neudruck. Mit 59 Abb. 102 S. 1949.	257
	II: Durchgesehener Neudruck. Mit 38 Abb. 98 S. 1949.	881
Die synchrone Maschine	von *K. Humburg*. Mit 79 Bildern. 109 S. 1950.	1146
Transformatoren	von *W. Schäfer*. 2. Aufl. Mit 74 Abb. 128 S. 1949.	952
Die komplexe Berechnung von Wechselstromschaltungen	von *H.-H. Meinke*. Mit 114 Abb. 160 S. 1949.	1156
Theoretische Grundlagen zur Berechnung der Schaltgeräte	von *F. Kesselring*. 3. Aufl. Mit 92 Abb. 143 S. 1950.	711
Elektromotorische Antriebe	(Grundlagen für die Berechnung) von *A. Schwaiger*. 3. Aufl. 32 Abb. 102 S. 1951.	827

Überspannungen und Überspannungsschutz	von *G. Frühauf.* Neudruck. Mit 98 Abb. 122 S. 1951.	1132

Wasserbau

Verkehrswasserbau	von *H. Debnert.*	
	I: Entwurfsgrundlagen. Flußregelungen Mit 52 Textabb. 102 S. 1950.	585
	II: Flußkanalisierungen und Schiffahrtskanäle. Mit 60 Textabb. 92 S. 1950.	597
	III. Schleusen und Hebewerke. Mit 70 Textabb. 98 S. 1950.	1152

Technologie

Warenkunde	von *K. Hassak* und *E. Beutel.*	
	Bd. I: Anorganische Waren sowie Kohle und Erdöl. Mit 19 Fig. 116 S. 1947.	222
	Bd. II: Organische Waren. Mit 32 Fig. 143 S. 1949.	223
Die Fette und Öle	von *K. Braun.* 5. Aufl. Vollständig neubearb. und verbess. von *Th. Klug.* 142 S. 1950.	335

Unsere Verlagsgebiete

Theologie · Religionswissenschaft · Philosophie · Psychologie · Pädagogik · Geschichte · Soziologie · Rechts- und Staatswissenschaften · Volkswirtschaft · Handelswissenschaft · Biographien · Schachliteratur · Kulturgeschichte · Vorgeschichte · Archäologie · Literaturwissenschaft · Sprachwissenschaft · Orientalistik · Kunst · Musik · Mathematik · Astronomie · Physik · Chemie · Geologie · Mineralogie · Biologie · Botanik · Zoologie · Erd- und Völkerkunde · Medizin · Psychiatrie · Hygiene · Tierheilkunde · Pharmazie · Technik · Bauwesen · Berg- und Hüttenwesen · Technologie · Land- und Forstwirtschaft.

*

Der »Verlagskatalog 1749–1949« enthält alle Werke und Zeitschriften unserer Verlage, die noch lieferbar sind. Über die laufende Produktion unterrichten die Auswahlkataloge »Für Studium und Praxis«. Sie liegen für die Gebiete Mathematik – Naturwissenschaften – Rechtswissenschaften – Theologie – Medizin vor, weitere folgen für die anderen Disziplinen.

Prospekte für alle Neuerscheinungen stehen jederzeit zur Verfügung.

Druck: Brüder Hartmann, Berlin. 4. 51. 80 000

FSC
www.fsc.org
MIX
Papier | Fördert gute Waldnutzung
FSC® C083411

Kolibri 360 GmbH
Ferdinand-Jühlke-Straße 7
99095 Erfurt, Deutschland
produktsicherheit@kolibri360.de